가보고 싶은 곳 / 머물고 싶은 곳 2

김봉렬 교수와 찾아가는 옛절 기행 02
가보고 싶은 곳 머물고 싶은 곳 2

2013년 11월 20일 초판 발행 ○ 2018년 4월 10일 3쇄 발행 ○ 글 김봉렬 ○ 사진 관조 스님, 종훈 스님, 현관욱, 윤명숙, 하지권
펴낸이 김옥철 ○ 주간 배소라 ○ 편집 김준영 ○ 디자인 황보명 ○ 마케팅 김헌준, 강소현 ○ 인쇄 (주)재능인쇄
펴낸곳 (주)안그라픽스 ○ 등록번호 제2-236(1975.7.7)

편집·디자인 03003 서울시 종로구 평창44길 2
전화 02.763.2303 | 팩스 02.745.8065 ○ 이메일 agedit@ag.co.kr
마케팅 10881 경기도 파주시 회동길 125-15
전화 031.955.7755 | 팩스 031.955.7744 ○ 이메일 agbook@ag.co.kr

ⓒ 2013 김봉렬, 관조 스님
정가는 뒤표지에 있습니다. 이 책의 저작권은 저자에게 있으며 무단 전재나 복제는 법으로 금지되어 있습니다.
잘못된 책은 구입하신 곳에서 교환해 드립니다.

컬처그라퍼는 우리 시대의 문화를 기록하고 새롭게 짓는 (주)안그라픽스의 출판 브랜드입니다.

이 책의 국립중앙도서관 출판시도서목록(CIP)은 e-CIP 홈페이지(www.nl.go.kr/ecip)와
국가자료공동목록시스템(www.nl.go.kr/kolisnet)에서 이용하실 수 있습니다.
CIP제어번호: CIP2013022970

ISBN 978.89.7059.714.0 (04600)

김봉렬 교수와 찾아가는
옛절 기행 02

가보고 싶은 곳 / 머물고 싶은 곳 2

마음의 풍경,
비움의 건축

김봉렬 글 · 관조 스님 사진

컬처그라퍼

머리
고백

모든 글은 독자에게 털어놓은 필자의 이야기다. 강렬한 주장이기도, 담담한 감상이기도 하고, 때로는 절절한 고백이기도 하다. 『가보고 싶은 곳, 머물고 싶은 곳』을 출간한 지 11년이 지났다. 그때는 스님들을 독자로 상정하고 글을 썼다. 곳곳의 사찰들이 '중창불사'라는 이름으로 종종 훼손됐기에 그 책임자인 스님들께 그들의 건축적 가치를 깨닫게 하려는 목적이었다. 그 안타까움의 결과 계몽적인 내용을 담게 되었고, 회유에 가까운 문체로 흐르게 되었다.

반면, 그 후속편이라 할 수 있는 이번 책은 자기 고백에 가깝다. 이 글들의 첫 번째 독자는 내 자신이기 때문이다. 삶이란 시간이 지날수록 복잡해지고, 세상을 알면 알수록 모르는 것이 더 많아진다. 그래서 하나라도 더 알기를 원하는 지식보다는, 그 복잡다단한 세계를 꿰뚫을 수 있는 지혜가 필요하다. 지식은 배움에 만족하려 하지만 지혜는 내면으로 침잠하여 끝없는 자기 물음이 된다.

이번에도 우리의 사찰 건축을 대상으로 삼았다. 하지만 보이는 것을 설명하고, 거기에 숨겨진 의미를 벗겨 내어 해석하지 않았다. 그보다는 대상들이 내게 던지는 물음들에 스스로 답을 할 뿐이다. 또한 그 답들마저 틀리지 않았는지 끝없이 의심할 뿐이다. 스스로를 우선으로 하는 글이 되다 보니, 일목요연한 흐름도 찾기 어렵고, 화려한 수사도 사라지고, 목적을 가진 설득도 없어졌다. 오로지 사유의 깊이와 문장의 솔직함에 만족할 뿐이다.

첫 번째 책은 승려 사진작가인 관조 스님과 함께한 철저한 합작이었다. 내가 쓴 짤막한 글들에 맞추어 스님은 사진을 찍었다. 그 강렬하고 절절한 사진들 덕분에 내 글은 실제보다 훨씬 더 후한 점수를 받았다. 책이 출간된 직후부터 스님은 다음 책을 만들자고 재촉했다. 글에 대해 생각하기도 전에 스님은 이 절 저 절로 나를 이끌었고, 앞장서 사진을 찍었다. 그때는 몰랐었다, 왜 그리 서두르는지. 어느 날 그동안 촬영한 필름들을 보여 주시며 스님은 말했다. "지난 책은 김교수 글에 맞추어 내가 사진을 찍었지만, 다음 책은 내 사진들에 맞추어 글을 쓰시게." 참 어려운 주문이었다. 그러나 스님은 석 달 후에 속절없이 열반하시고 말았다. 이제는 어렵고도 큰 빚이 되었다.

이번 책은 관조 스님께 바치는 오마주다. 지난 책에서 스님은 말했다. "나뭇잎 하나, 돌멩이 하나에도 부처 아닌 것이 없습니다. 산승은 그러한 부처님의 말씀과 숨결을 사진에 담으려 했습니다." 이 책을 쓰면서 내내 스님의 미소를 떠올렸다. 비록 스님이 남겨 준 사진을 많이 담지는 못했지만, 그였으면 찍었을 만한 장면들을 늘 연상하면서 글을 썼다. 그러한지 벌써 7년이 지났다. 1주기에 책을 내려 했다. 턱없는 과욕이었다. 5주기에는 꼭 내려 했다. 이제는 능력부족이었다. 기념적 숫자였던 5주기를 넘기니 출판사의 재촉도 뜸해졌고, 마음의 짐은 더욱 무거워졌다. 드디어 완성을 했으나 별 의미 없는 7주기가 되고 말았다.

7년의 시간을 기다려 주신 김옥철 대표와 컬처그라퍼의 모든 분들께 감사를 드린다. 지난 책을 읽어 주신 모든 독자들에게도 감사를 드린다. 누구보다 관조 스님께 감사드린다. 그의 임종게 臨終偈를 다시 기억한다. 스님은 열반하셨지만 그래도 지금 그 무엇이 되어 만나고 싶다.

삼라만상이 본래 부처의 모습인데 森羅萬象天眞同
한줄기 빛으로 담아 보이려 했다네 念念菩提影寫中
내게 어디로 가느냐고 묻지 말라 莫問自我何處去
동서남북에 언제 바람이라도 일었더냐 水北山南旣靡風

2013년 11월
청운 언덕의 푸른 산집에서
김봉렬

관조觀照의 혜안慧眼으로
현현顯現한 자연대장경

자연은 모습 그대로 부처님의 설법이요, 비로자나의 현현顯現이다. 굳이 인간은 손을 대어 자연이 펼쳐 놓은 최상의 작품에 흠을 낸다. 절집의 불사는 채움과 비움의 조화라 했다. 허虛한 곳은 보완해 주고 필요 없는 군더더기는 덜어 내는 것이 그나마 인간이 마지막으로 할 일이다. 우리나라에서 의미 깊은 건축물인 사찰, 궁궐, 향교, 서원 등이 모두 자연을 거스르지 않는 중도의 미학에서 그 절정을 이룬다.

나는 사진에는 문외한이다. 스님이 부르시면 그저 스님을 모시고 전국 각처를 다니면서 셔터를 누르는 스님의 옆에 조용히 서 있는 일이 내 일의 전부였다. 그러다 불쑥 스님께 "무엇을 보고 계십니까?" 하고 물으면, 연신 땀을 흘리며 바쁘게 셔터를 누르면서, "있는 모습 그대로가 화엄의 세계가 아니더냐?"고 대답하셨던 스님의 모습이 아직도 눈에 선하다. 사진은 자연대장경을 조성하는 성스러운 대작불사이다.

월여 전 컬처그라퍼의 김옥철 대표께서 전화를 주셨다. "2002년 관조 스님의 사진에 김봉렬 교수께서 글을 쓰셔서 『가보고 싶은 곳 머물고 싶은 곳』을 출간하였는데, 당시 두 분께서 후속편을 내시기로 약속하셨습니다. 그런데 스님께서 갑자기 열반에 드시고 교수님도 바쁘셔서 약속을 지키지 못하다가 이제야 글을 마무리하여 열반하신 스님과의 약속을 지킬 수 있게 되었습니다."라고 하였다. 그 말씀을 듣고 나는 며칠 밤을 뒤척여야 했다. 수십 년 스승과 제자의 깊은 인연으로 만나 함께 했던 지난날들이 생생하게 떠오르고, 십여 년 전의 약속을 잊지 않으신 깊은 인연에 감동과 감사의 마음이 일어났다.

스님은 편안한 길을 마다하고 굳이 어려운 길을 택하셨다. 해인사 강주를 지내시고 한가로운 수행자의 삶을 살 수도 있었지만 1970년대 중반부터 사진 작업에 몰두하셨다. 당시 승가에서는 사진이나 일체의 예술행위 등을 잡기로 폄하하고 도외시하던 시절이었다. 그러나 스님께서는 '스님이 무슨 사진이야?'라는 수없는 질타 속에서도 특별한 신념과 열정으로 흔들림 없이 정진하셨다. 결국 역설적으로 사라져서 기억되지 못할 뻔했던 사찰과 승가의 장엄한 모습들이 스님의 렌즈를 통하여 우리들에게 남겨졌다. 만일 그때 스님의 혜안慧眼과 불퇴전의 정진이 없었다면 과연 보물 같은 스님의 작품이 남을 수 있었겠는가?

스님은 한 곳을 여러 번 다니셨는데 지금도 그때를 회상하며 그곳을 다시 찾곤 한다. 사계절이 다르고 아침과 저녁이 다르다. 조도, 습도, 계절, 시간, 심지어 움직이는 바람에 따라 자연은 다른 모습을 연출하니 스님께서 한 곳을 수없이 갈 수 밖에 없었던 그 뜻을 이제야 조금은 알 것 같다.

"아직 안 일어났나? 아직 꿈속이재?" 하는 특유의 경상도 억양과 사투리로 나를 깨우던 스님의 호통 소리가 들린다. "첫 새벽에 떠오르는 태양에게 세상은 가장 먼저 속살을 드러낸다." 스님의 셔터는 무념無念으로 무상無相의 실상實相을 포착하는 선사의 깨달음과 다름없었다.

스님께서는 여러 번의 전시회를 여시고 작품집을 출간하셨는데, 작품에 한결같이 제목이 없다. "스님, 왜 제목을 붙이지 않으십니까?" 하고 물으면, 스님께서는 "찍는 일은 내 일이지만 보는 것은 보는 사람의 몫이다." 라고 하시던 말씀이 아직도 귓가에 쟁쟁하다. 말기 암의 극심한 고통 속에서도 한 마디 아프다는 말씀을 하지 않으셨던 스님은 그대로 지고至高한 수행자의 표상이셨다.

태어남이 예정된 것이 아니듯이 죽음 또한 우리에게는 너무도 갑자기 다가오는 충격이다. 은사 스님의 열반 또한 나에게는 감내堪耐할 수 없는 충격이요, 아픔이었다. 어려서 출가하여 스님을 아버지와 같이 믿고 의지하였기에 더욱 그러하였다. 몇 년 만, 아니 일 년이라도 더 사셨더라면 하는 마음은 떠나보내는 모든 이들의 한결같은 마음이리라.

무욕無慾과 절직節直, 평생 관조觀照의 삶으로 일관하셨던 스님께서는 임종게 말미에 "내게 어디로 가느냐고 묻지 말라. 동서남북에 언제 바람이라도 일었더냐?"라는 말씀과 함께 가고 옴이 없는 모습으로 우리 곁을 떠나셨다.

치연熾燃했던 삶을 회향하신 뒤, 스님께서 남기신 20여 만의 작품들을 수년에 걸쳐 정리하면서 전국 방방곡곡의 사찰과 불전佛殿들, 석불과 폐사지, 풀 한포기, 나무 한 그루에서도 나는 머물지 않는 곳이 없었던 스님의 법신을 만난다. 스님의 작품은 우리에게 남기신 불멸의 사리舍利이다. 사리가 용광로와 같은 인고忍苦의 삶 속에서 결정結晶된 수행자의 몫이라면 스님의 작품이야말로 진정 사리가 아니고 그 무엇이겠는가?

생전의 약속을 지켜 주신 한국예술종합학교 김봉렬 총장님, 스님께서 못다 하신 사진을 완성해 주신 현관욱, 윤명숙 사진작가님, 그리고 신심으로 책을 출간하여 스님의 사리를 세간에 나누게 해주신 컬처그라퍼 김옥철 대표께 은사스님의 뜻을 받들어 심심한 감사를 드린다.

2013년 가을에 관조스님문도회 제자 승원 분향 합장

차례

004 머리 고백 _ 김봉렬
008 관조의 혜안으로 현현한 자연대장경 _ 승원

I. 머리를 비우고 마음을 여는 곳
016 서산 개심사   말을 접고 마음을 여는 곳
028 하동 쌍계사   천년 인연의 수레바퀴
040 금강산 보덕암   백척간두에서 진리를 구하다
052 남해 용문사   차나 한 잔 하고 가게나

II. 고려 사원에서 조선 절집으로
066 춘천 청평사   고려 정원의 숨은 그림 찾기
078 청양 장곡사   신라에서 조선으로 시간 여행
088 보은 법주사 팔상전   전쟁은 어떻게 건축을 바꾸는가
100 고창 선운사와 참당암   장애는 무애다
114 여수 흥국사   수륙고혼이여, 법왕문에서 해탈하시오

III. 믿음으로 지은 부처의 세계
126 경주 탑골 부처바위   바위에 새겨진 가람의 장엄
138 강진 무위사   회벽에 그린 극락의 세계
150 영주 성혈사 나한전   창살에 새긴 소박한 연화장 세계
162 순천 송광사 영가각   윤회의 때를 씻는 곳

Ⅳ. 건축이 사라지면 가람이 나타난다

174 경주 골굴사   다시 부활하는 석굴사원의 꿈
182 합천 영암사지   황매산 속의 매너리즘
194 충주 미륵대원   폐허에서 최초의 힘을 만나다
204 화순 운주사   비밀은 밝혀도 비밀이다

Ⅴ. 부처는 산이요, 가람은 자연이다

218 문경 봉암사   자연은 최고의 설법장
230 만폭동의 사암들   선경 속에 별이 된 건축들
242 문경 사불암   부처를 보는 세 가지 시선
254 창녕 관룡사   바위는 극락이며 절집은 우주
264 해남 미황사   달마는 산이 되었고 게와 거북으로 태어났다

278 직관의 언어 통찰의 잠언 _ 홍선
282 추천의 글 _ 유홍준

I
머리를 비우고
마음을 여는 곳

서산 개심사

하동 쌍계사

금강산 보덕암

남해 용문사

해탈문을 들어서서 나타나는 길은 마당의 모서리를 통과하는 길이다.
이 통로는 대웅전 앞으로 연결되며, 다시 승방과 누각을 거쳐 해탈문으로
되돌아온다. 마당은 비어 있기에 얼마든지 출입이 가능할 것 같지만
안으로 들어가기가 쉽지 않다. 마치 마음이 보이기는 하지만
그 마음을 열기는 무척 어려운 것과 같이.

서
산
·
개
심
사
·

말을 접고
마음을 여는 곳

조주선사趙州, 778~897는 중국 당나라의 위대한 스승이었다. 한 제자가 조주에게 물었다.

"부처님의 법은 무엇입니까?"

조주는 눈을 들어 창밖의 뜰을 쳐다보고 말했다.

"뜰 앞의 잣나무다."

선가에서 가장 유명한 선문답 중의 하나일 것이다. 그 제자는 이 엉뚱한 대답에서 어떤 깨달음을 얻었을까? 이 답변은 조주의 내심에서 우러나오는 지혜였을까, 아니면 그저 우연한 기지였을까? 선문답은 현대 추상화의 감상법과 같아서 문답 순간에 출렁이는 마음의 움직임을 따를 뿐 해석을 거부한다. 머리가 아닌 마음으로 깨닫는 것이다. 그러나 평범한 이들은 머리로 해석할 수밖에 없고, 해석을 통해 조금이라도 그 마음을 이해하는 것이다. 조주의 잣나무는 진리란 특별하고 거창한 데 있는 것이 아니라 생활 주변 사소한 데 있으며, 맑은 마음으로 일상 속에 있는 진리를 발견하고 깨달음을 얻으라는 충고쯤이 아닐까 싶다. 이런 게 선禪일까?

조선시대의 불교는 기본적으로 선불교였다. 고려시대 불교의 근간이 교종이었던 것과 대조적인 환경 때문이었다. 혹심한 탄압으로 지식층은 불교에 소원하게 되었고, 불교 교단의 붕괴로 체계적인 교육도 시행하지 못했다. 문자를 통해 경전 해석을 주로 하는 교敎불교는 극히 보조적인 위치였다. 조선조의 사찰

머리를 비우고 마음을 여는 곳 017

건축은 당연히 선의 방법론과 선불교적 사유의 영향을 많이 받았을 것이다. 하지만 아직 그 비밀스러운 실체의 실마리를 찾기는 어렵다.

그렇다면 어떤 것이 선禪의 건축일까? 선적 세계가 실체화된다면 과연 어떤 공간이 될까? 말이나 글로 설명할 수 없는 불립문자不立文字인 선을 건축으로 설명하려는 시도가 얼마나 헛된 것인지 어렴풋이 눈치를 챘겠지만, 기어코 그 구체적인 사례를 찾아내려는 어리석음을 버릴 수 없다.

충남 서산 운산면 신창리 골짜기에 개심사開心寺가 있다. '마음을 여는 절'이라는 이름 때문일까, 아니면 그 평범하면서도 범상치 않은 사찰의 분위기 때문일까? 언제부턴가 개심사에 갈 때마다 선禪의 냄새를 맡을 수 있었다. 법당 앞마당에 들어서는 순간부터 절 전체에서 느껴지는 고요함 때문에 그런 생각이 들었는지 모른다. 아직도 뚜렷이 어떤 부분이라고 꼬집어 말할 수는 없지만.

충청도 지방 가운데서도 아산·서산·예산·당진·홍성 지방을 '내포內浦' 지역이라 불렀다. 과거 이 지역은 대전, 논산 등지와는 다른 문화적 동질성을 가졌는데, 그 핵심에는 불교가 있었다. 개심사가 위치한 운산면 일대는 특히 백제 때부터 불교의 중요한 거점이며 통로였다. 인근에 중요한 불교 유적으로 '백제의 미소'로 유명한 서산 마애삼존불국보 제84호과 통일신라 때 큰 사찰이었던 보원사 터가 남아 있다. 백제에서 바다 건너 중국으로 향하던 항구가 서산만 일대에 있었으며, 운산면 일대를 통해 육지로 연결되어 중국과 한국의 불교가 서로 교류했었다. 개심사 역시 백제 때 창건된 절이라고 전해진다. 그러나 오랜 세월의 세탁 때문에 백제 때의 흔적이라 할 만한 유물은 남아 있지 않다.

백제가 망하고 신라와 고려의 긴 세월을 거치면서도 개심사의 법등은 꺼지지 않았다. 하지만 조선 성종 때인 1475년 어처구니없는 사건으로 개심사는 불타고 만다. 당시 충청도 병마절도사였던 김서형은 평소 훈련을 핑계로 군졸들을 징발해서 산에 불을 놓고 사냥을 즐겼는데, 개심사 뒷산인 가야산 일대에서도 사냥 놀이를 벌이다 산과 절을 모두 태워 버린 것이다. 숭유억불의 시대에 절을 태운 건 큰 문제가 되지 않았다. 그러나 당시 가야산 일대는 국가가 보호하는 금산禁山이었기에 이를 태운 것은 중대한 범죄여서 장형 100대에 도형 3년을 구형받았다. 장형이란 가시나무 몽둥이로 볼기를 치는 형벌로 100대는 최대 형량이었고, 도형은 강제 노역을 시키는 형벌로 3년 역시 최장 기간이었다. 사형에 버금가는 무거운 형벌이었고, 그만큼 중대 사범이었다. 그러나 어찌 구명을 했는지 파면조치만 받았고, 후일 충주목사나 충청감사에 오르는 등 승승장구했다.

개심사는 곧바로 복구 작업을 시작했으나 당국의 미온적 태도와 사회적 무관심으로 중창불사는 여의치 않았다. 10년 후인 1484년에야 비로소 대웅전을 세워 현재까지 이르고 있다. 그 후 전국토를 초토화시킨 임진왜란의 참화가 용케도 이곳을 피해 가면서 개심사는 임진왜란 이전의 법당 건물로는 열손가락에 꼽힐 정도로 오래된 건물로 남아 있다. 다른 부속 건물도 상당수가 당시 모습 그대로 남아 있어 절 전체의 모습이 보존된 매우 귀한 사례가 되었다.

세심동. 개심사로 들어가는 입구는 이처럼 조용하고 소박하다.

개심사 입구 '세심동洗心洞'은 '마음을 씻는 골짜기'란 뜻으로 절 이름인 개심사와 한 쌍을 이룬다. 세심동의 울창한 소나무 숲은 순 토종 소나무의 위용에 감동하는 소중한 숲이다. 절의 입구는 그 숲 사이에 자연스럽게 놓은 계단들로 시작한다. 거창한 문도, 안내판도 없이 슬그머니 길을 시작한다. '뭐, 입구라고 대단할 게 있는가? 걸어오던 길을 계속 가면 되지.' 하는 식의 무심한 시작이다. 몇 굽이 구불거리며 무심한 듯 보이는 계단은 묘한 운율을 가지며 개심사

머리를 비우고 마음을 여는 곳 019

옆으로 긴 연못이 절 입구에 놓여 있다.
연못이라기보다 냇물 같기도 하고 해자 같기도 하다.
속세와 성계를 구획하는 경계이며,
그 영원한 경계를 건너는 통과의례의 장치이다.

종각까지 이어진다. 꽤 긴 계단 길이지만 생각해 보면 입구 시작점과 여기까지 그다지 먼 거리는 아니다. 경사가 급한 것도 아니어서 지름길을 낸다면 3분이면 충분할 거리지만 서너 번의 굽이를 따라오다 보면 10여 분이 걸린다. 일부러 길을 늘리고 펼쳐 놓은 것이다.

이 늘임과 펼침의 수법은 절에 도착해서도 계속된다. 개심사로 올라가려면 길이는 짧지만 옆으로 긴, 마치 인공 운하와 같은 연못을 건너야 한다. 일설에는 뒷산 가야산의 불교적 이름이 '코끼리 임금'이란 뜻의 '상왕산'이고, 그 코끼리 왕이 마실 물을 담기 위해 이 연못을 만들었다고 한다. 옆으로 길어서 연못이라기보다 마치 해자와 같은 이 연못은 다른 어느 절에서도 볼 수 없는, 어떤 의도를 가지고 일부러 옆으로 길게 늘여 놓은 것으로 여길 수밖에 없다. 속세와 성계를 구획하는 경계이며, 연못의 길이를 극단적으로 늘려 영원함을 얻으려는 의도일 것이다.

연못을 건너 나타나는 무심한 계단을 오르다 보면 느닷없이 서 있는 벚나무 한 그루를 만나게 된다. 여기서 길은 두 갈래로 나뉘는데, 벚나무 왼쪽을 돌아 오르면 조그마한 해탈문에 이르러 대웅전 마당에 닿지만 오른쪽으로 돌아 동쪽으로 올라가면 좁은 길을 통해 승방을 거쳐 명부전에 다다른다. 전혀 예상치 못한 풍경이지만 이 흐름은 여기서 끝나지 않는다. 명부전 옆의 또 다른 승방을 지나 산 위로 이어지는 산길을 오르면 개심사의 전경을 바라볼 수 있는 작은 산신각에 다다른다. 길이란 자연과 건축의 부분만을 대하는 파편적 경로이다. 길의 끝에서 온 길을 되돌아보면 비로소 스쳐 지나온 모든 전체를 한눈에 보게 된다.

입구에서부터 계속된 구불거리는 산길과 옆으로 늘어진

계속 펼쳐지고 이어지는 계단을
오르다 만나는 벚나무 한 그루

머리를 비우고 마음을 여는 곳 021

개심사 대웅전은 몇 안 되게 남아 있는 15세기의 절집이다.
조선 초기, 지방의 작은 건물답게 형태는 군더더기 없이
단순하고 명쾌하다. 작은 몸체에서 반사하는 빛이
큰 방 안을 채우듯, 이 보석 같은 법당이
비어 있는 마당을 채운다.

긴 연못, 대웅전-명부전-산신각을 잇는 펼쳐진 배치들. 지름길을 거부하고 효율을 무시하며, 늘어진 여유와 느린 생각들을 통해 어떤 깨달음을 얻으라는 옛 스승들의 가르침일 것이다.

또 다른 제자가 조주에게 물었다.
"개犬에게 불성佛性이 있습니까?"
조주는 단호히 말한다.
"없다無."

잣나무 선문답에 버금가게 유명한 무자화두無字話頭이다. 세상 미물에도 다 불성이 있다고 했는데, 조주는 왜 개에게는 없다고 했을까? 이 역시 어리석은 의문이지만 어쨌든 '없다'는 것이 중요하다. 선가의 건축 역시 없음 또는 비움과 관계가 깊다. 모든 상념과 욕망을 끊어 버리는 곳에 선禪이있다고 했으니, 표현적 욕망으로 가득한 장식과 기교를 버린 건축이 선의 건축과 통하리라. 선가의 관점에서 보면 건축이란 세우고 채우는 것이 아니라, 비우고 버리는 것이다.

개심사 대웅전의 마당이 바로 그렇다. 개심사의 마당은 바라볼 수는 있지만 들어가기는 어렵다. 마치 마음이 보이기는 하지만 그 마음을 열기는 무척 어려운 것과 같이.

안마당 앞에는 안양루가 서 있다. 절 앞에서 이 건물을 대하면 높은 축대 위에 놓여 마치 2층 누각과 같아 보인다. 그러나 마당 안으로 들어서면 누각은 사라지고 마당 면에 잇닿아 펼쳐진 마루면만 나타난다. 안양루는 말만 누각일 뿐, 지붕 덮인 마당에 불과하다. 건물은 그 내부 마당을 만들기 위한 껍데기일 뿐이다. 누각은 사라지고 그늘진 공간만 남는다.

앞의 안양루와 뒤의 대웅전, 그리고 양옆의 승방들이 감싼 마당은 아담하면서도 꽉 짜여 있다. 외부공간이 아니라 마치 천장이 열린 방과 같다. 이곳의 건물들은 형태를 드러내지 않는다. 심지어 주불전인 대웅전마저도 소박한 맞배지붕의 건물이며, 높지도 않고 화려하지도 않다. 모든 건물이 비어 있는 마당을 향해 무표정한 면들을 형성할 뿐이다. 건물들을 배치하다 남은 곳이 마당이 아니라, 애초부터 이 빈 마당을 만들기 위해 건물들을 세운 것이라고 생각될 정도다. 줄무늬 말이라고도 불리는 얼룩말은 흰 말에 검은 줄을 그은 것인가, 아니면 검정 말에 흰 줄을 그은 걸까? 개심사 건물들과 마당의 관계를 묻는 것은 바로 얼룩말에 대한 의문과도 같다. 비어 있는 마당이 주인인 건축. 유형적인 것은 부수적이고 오히려 없음과 비움이 주체인 건축, 그래서 조주는 '없다無'고 했을까?

또 한 명의 선지식인 덕산선사 德山, 780~865에게 제자가 물었다.
"마음이란 도대체 뭡니까?"
덕산선사는 대답 대신 몽둥이를 들어 그 제자를 흠씬 두들겨 팼다. 그 순간 제자는 마음의 큰 깨달음을 얻었다. 지금이라면 폭력교사나 '미친개'로 몰려 경찰에 구속되었을 행적이다. 덕산은 생각했을 것이다. '이놈은 어떤 말에도 깨닫기 어렵다. 파격적인 충격을 주자.' 큰 스님들의 이러한 파격적인 행동은 깨달음으로 얻은 자유이다. 진리에 이르는 길은 하나가 아니요, 정해진 것도 아니다. 어떤 규범과 제도에도 속박되지 않는 자유로움, 그것이 선의 경지일 것이다.

개심사의 여러 건물을 보면 건축적 '파격'과 '자유'란 무엇인지 생각하게 된다. 대웅전 우측에는 '심검당尋劍堂'이란 승방이 있다. '마음의 칼을 찾는 집'이란 뜻으로 매우 정갈하게 다듬어져 있는 3칸의 승방 부분과 마구 휘어지고 비틀린 기둥과 보로 엮은 역시 3칸의 부속 건물로 이루어졌다. 하나의 건물이 이렇게 다른 부분들로 만들어져도 될까 싶을 정도로 상식의 틀을 깨는 건물이다. 더욱 놀라운 것은 휜 목재로 만들어진 부속부가 규격적인 목재의 주요부보다 더

위 안마당을 에워싸고 있는 해탈문과 누각. 마당 안의 석탑은 멀리 바라보는 오브제다.
아래 누각과 종각 사이의 진입로. 안양루는 이름만 누각이고 땅을 깔고 앉아 있는 강당이다.

안양루가 안마당을 확장시키는 비어 있는 집이라면,
심검당은 안마당을 한정하도록
늘려 지은 집이다.
심검당은 매우 정갈하게 다듬은
3칸의 승방채와
비틀린 기둥과 보로 엮은 부속채를
무심히 붙인 파격의 복합건물이다.

주인 같아 보인다는 사실이다.

눈을 들어 보면 비단 심검당만 그런 것은 아니다. 해탈문을 지지하는 양쪽의 두 기둥은 굵기도 다르고 휘어진 모습도 다르다. 심검당 맞은 편 승방에는 '무량수각'이라는 현판이 걸려있다. 튼 'ㅁ'자로 구성된 이 요사채의 앞면은 익공까지 붙인 단정한 건물이지만 뒤편으로 가면 휘어진 기둥, 너무 굵어서 조화를 깨는 부재들로 만들어졌다. 심지어 기둥 하나를 생략하여 두 칸을 한 칸으로 만든 파격적인 구성도 나타난다. 따지고 보면 길게 늘어진 길과 산자락에 펼쳐진 절의 배치도, 비어 있는 안양루와 마당도 모두 파격적이고 자유로운 발상이었다.

개심사는 큰 절이 아니다. 특출한 문화유산이 있는 곳도 아니다. 그러나 보석은 작아서 빛나고 마음은 평범해서 소중하다. 개심사의 전각들은 길게 늘어진 길들로 연결되어 있다. 마치 한 알 한 알의 보석들이 한 줄의 실로 연결된 팔찌나 목걸이와 같이 개심사는 보석이며 마음이다.

선禪이란 무엇인가? 부처의 마음이라고 했다. 부처의 말씀은 교가 되어 문자와 논리가 되었고, 마음은 선이 되어 논리를 초월한 곳에서 전해졌다고 한다. 개심사 건축을 논리와 이론으로 설명하기는 어렵다. 논리와 분석과 말을 접고 일단 느낌과 마음을 열어 보자. 그러면 조금은 보이지 않겠는가.

대웅전 앞마당에 옆으로 돌아앉아 있는 〈진감선사 대공영탑비〉.
벽암대사가 대웅전 영역을 확장하면서 옆 산 위에 있던 것을 옮겨 온 것으로 추정된다.
진감선사는 9세기의 큰 스님, 벽암은 17세기의 스님이다.
벽암은 쌍계사를 중창하면서 진감선사 혜소의 정통성을 8세기 뒤에 되살렸다.
중창 가람은 원 가람과 직각 방향으로 확장할 수밖에 없었지만,
옮겨 온 탑비만은 원래의 방향을 유지한 결과이다.

하동·쌍계사

천년 인연의
수레바퀴

우리 땅에 절집이 얼마나 있을까? 오래된 고찰만 해도 1,000여 곳이 남아 있고, 고려 때는 3,000곳이 넘었다고 한다. 골마다 절이요, 동네마다 탑이 있었다고 해도 과장이 아니다. 그 수많은 사찰들은 하늘에서 떨어진 것도, 땅에서 솟아난 것도 아니다. 모두 각자 기막힌 사연과 인연 끝에 세워진 소중한 장소들이다. 왕실이나 나라에서 덥석 세워 출생부터 화려한 절도 있지만, 대부분은 인적도 없는 골짜기에 한 스님이 터를 골라 토굴을 만드는 것부터 사찰의 역사가 시작된다. 그 제자의 제자쯤 되는 스님이 불전과 승방을 지어 절의 꼴을 만들고, 다시 몇백 년 후에 큰 스님이 나타나 큰 중창불사를 벌여 지금 우리가 보는 절을 만든 것이다.

육조 혜능

경남 하동 땅에 있는 지리산 쌍계사雙磎寺의 역사는 그 기막힌 인연의 종결을 보는 듯하다. 이곳의 창건주는 신라 중기에 활동한 삼법화상三法 ?~739이다. 통일 직후, 신라는 불법의 힘으로 민심을 화합하려 했고, 의상대사義湘, 623~702가 당나라에서 수입하여 전파한 화엄 불교가 그 막중한 소임을 수행했다. 화엄 불교는 교종의 논리를 집대성한 최고의 교학 불교이며, 왕실부터 서민들까지 모든 계층이 받아들였던 종파였다.

삼법화상은 의상대사의 수제자라고 전해지는데, 희한하게도 그는 중국 선종의 창시자인 혜능慧能, 638~713을 흠모했다. 교종의 적통자가 선종의 대가를 흠모했다는 사실은 쉽게 이해하기 어렵지만, 어쨌든 당시 중국에서는 혜능이 선풍을 일으키고 있었다. 삼법은 그를 찾아가 가르침을 받고 싶어했으나 714년에 혜능이 입적했다는 소문을 듣고 매우 애통해 했다고 한다.

6년 후, 삼법은 혜능의 설법을 정리한 『육조단경』을 읽다가 "내가 입적한 뒤 5~6년이 지나서 어떤 이가 내 머리를 취하러 올 것이다."라고 한 혜능의 말에 눈을 번쩍 떴다. 그는 발칙한 꿈을 실행하기 시작했다. 김유신의 미망인인 법정 비구니에게 2만금을 얻어 당나라 소주의 보림사로 갔다. 관계자를 뇌물로 매수해 그곳에 봉안하고 있던 혜능의 정상頂相, 정수리 두개골을 훔치는 데 성공했다. 귀국하여 경주 영묘사에서 정상을 모시고 밤마다 공양을 올리던 중 꿈에 나타난 어느 승려로부터 "지리산 아래 눈 속에 등나무 꽃이 핀 곳으로 옮기라."는 명을 받는다. 724년, 엄동설한에 지리산 일대를 헤집다 드디어 그 터를 발견하고 조그마한 암자를 세웠으니, 쌍계사의 시작이다.

　이 황당한 창건 설화를 어떻게 믿어야 할까? 현재도 쌍계사 금당에는 두개골을 봉안했다는 육조정상탑을 모시고 있으니, 이 설화를 실제 사실로 받들고 있는 셈이다. 그러나 혜능의 선법이 이곳에 전해진 것은 그보다 한 세기 뒤인 844년, 진감국사 혜소慧昭, 774~850 때 일이기에 정상 봉안설은 사실로 믿기 어렵다. 만일 사실이라면 희대의 엽기적인 범죄이며, 국제적인 분쟁거리일 수밖에 없다. 아마도 혜능의 선법을 계승한 선가의 적통으로서 쌍계사의 위상을 드높이기 위해 만들어진 설화가 아닐까?

쌍계사가 본격적인 명사찰로 다시 태어난 것은 혜소의 업적이다. 속성이 최씨인 그는 독실한 불자인 부모 아래서 자랐으며, 어려서부터 특별한 아이였다고 한다. 태어날 때 울지 않았고, 어려서도 언성을 높이는 일이 없었고, 불교 의식을

위   원 가람의 주 법당. 쌍계사는 육조 혜능의 정상, 정수리 두개골을 가져와 봉안함으로써 시작한 절이니, 금당 안의 육조정상탑은 쌍계사의 원천이며 법통의 상징이다. 世界一花祖宗六葉. 온 세계는 하나의 꽃송이며, 6대 조사가 피워 낸 6개의 꽃잎으로 이루어졌다.
아래   금당 안의 육조정상탑

머리를 비우고 마음을 여는 곳   031

놀이삼아 즐겼고, 서쪽을 향해 명상하는 일이 많았던 아이였다. 가난한 집안 형편 때문에 생선 파는 일에 종사하다 부모의 상을 치른 후 중국 유학의 길을 떠났다. 중국 선종의 본산인 숭산 소림사에서 구족계를 받고, 830년 귀국하여 흥덕왕에게 선법을 설파하고, 불교 음악인 범패를 신라에 전한다.

그는 상주에서 설법을 시작했는데 문도들이 차고 넘쳐서 새로운 터를 찾으려 지리산 일대를 더듬었다. 드디어 화개 골짜기에서 삼법화상이 세운 옛터를 발견하고 건물들을 세워 지금의 기틀을 세웠다. 당시 이름은 '옥천사'라 지었지만 이웃에 같은 이름의 절이 있어서 혼란을 피하기 위해, 후대에 쌍계사로 바꾸었다. 혜소는 쌍계사에 '대나무 홈통을 시렁처럼 이어 물을 끌어와 기단 주위 사방으로 물을 대어' 금당을 완성하고, 영당을 세워서 육조 혜능의 영정을 봉안했다. 혜소는 850년 "한 마음이 근본이니 너희는 탑을 세워 육신을 보존하려 하지 말고, 명을 지어 행적을 기록하지 말라."는 유훈을 남기고 77세를 일기로 입적했다.

신라 왕실은 최치원을 시켜서 혜소의 일대기를 기리는 비문을 짓게 했다. 당대의 명문장가 최치원이 지은 글은 〈진감선사 대공영탑비〉에 새겨져 현재에도 쌍계사 경내에 남아 있다. 최치원은 신라 말에 여러 사찰의 사적기와 고승들의 일대기를 지었는데, 현존하는 것은 4개로 그 유명한 '사산비문四山碑文'이다. 쌍계사 것을 비롯하여 봉암사 〈지증대사 적조탑비〉, 성주사 〈낭혜화상 백월보광탑비〉, 경주 〈초월산 대숭복사비〉에 비문이 남아 있다. 유불선을 넘나드는 해박한 논리와 승려와 지리에 대한 섬세한 감성을 웅장한 문장 속에 담은 천하의 명문들이다. 진감선사비의 예를 들면, "공자는 단초를 열었고 석가는 극치를 다했다."고 하여 유교와 불교를 통섭하는 진리를 꿰뚫었고, "시를 해설하는 사람은 하나의 글자 때문에 한 문장의 뜻을 망쳐서는 안된다."고 하며 대가의 시각을 드러냈다.

쌍계사는 크게 두 개의 영역으로 이루어진 특별한 가람 배치를 하고 있다. 하나는 대웅전 영역이고, 또 하나는 팔상전 영역이다. 현재 대웅전 영역이 주 가람으로 자리를 잡았지만, 원래 혜소가 중창한 가람은 팔상전 영역이고, 대웅전 쪽은 임진왜란으로 폐허가 된 사찰을 벽암선사가 지금의 자리에다 별도로 중창한 것이다.

원래의 사찰은 경사가 매우 급한 터에 자리를 잡았다. 3개의 단으로 나누어 좁은 평지를 조성한 후, 각각 청학루, 팔상전, 금당을 앉혔다. 너무 경사가 급해서 마치 연속된 계단 사이에 건물들이 자리한 것 같은 모습이다. 이 전각들은 조선시대에 세운 것이며 원래 건물들을 추정하자면, 가장 낮은 곳인 청학루 자리가 물길을 끌어들인 원래의 금당 터로 볼 수 있다. 현 팔상전 자리는 아마도 설법당, 그리고 현재 가장 높은 곳에 위치한 금당 자리에 혜능의 영정을 모신 영당이 있었던 것으로 생각한다.

혜소가 계곡 아래의 평지를 마다하고, 굳이 이처럼 급한 곳을 택한 이유가 무엇일까? 아마도 이곳이 옛 삼법화상의 암자 터인 '눈 속에서 등나무 꽃이 핀 곳'이기 때문이었을 것이다. 혜소는 당나라에 가서 혜능의 법손인 신감대사의 제자가 되었기 때문에 선가의 족보상으로 혜능의 증손이 되는 셈이다. 삼법이 이곳에 혜능의 정수리 두개골을 묻은 곳이라는 전설과 함께, 자신의 법통을 내세워 새로 여는 산문의 정통성으로 삼으려 했던 것은 아닐까? 혜소의 산문은 대성황을 이루어 "문도들이 벼와 삼대와 같이 대열을 이루어 송곳 꽂을 땅조차 없다."고 했다.

그러나 혜소 이후의 쌍계사는 큰 스님을 내지 못하여, 신라 말과 고려 초의 주요 선문들인 구산선문에도 들지 못할 정도로 쇠락하였고, 고려와 조선을 거치면서 쌍계사는 그저 그런 정도의 위상과 규모를 가진 산사로 명맥을 유지했던 것 같다. 조선 초 중종1488~1544 때 절은 물론 주변의 숲까지 황폐해졌다. 쌍계사의 스님 한 분이 진감선사비가 지극한 보물임을 내세워 국가의 도움을 얻어 숲을 되살릴 수 있었다. 비석의 가호로 가람을 보존할 수 있었으니, 고승의 법력이 비석을 통해 위력을 나타낸 것이다.

쌍계사는 한반도 대부분의 절과 같이 임진왜란으로 초토화 되었다가 전후 30여 년이 지난 후에 지금의 모습과 같이 다시 중창하였다. 중창주 벽암대사 碧巖, 1574~1659는 그의 스승인 부휴선사와 함께 임진왜란 때 큰 공을 세워 팔도도총섭이 되었다. 벽암은 병자호란 때에도 스님들 3,000명을 모아 의승군을 조직했던 호국승이며, 당대 불교의 지도자였다. 그는 남한산성을 쌓는 국가적 건설사업의 총 지휘자이기도 했고, 지리산 화엄사와 쌍계사, 속리산 법주사 등에 머물면서 가람들을 중창한 조선 중기 최고의 건축승이기도 했다.

벽암은 여러 건축공사를 지휘하면서 터득한 안목으로 쌍계사를 중창했다. 기존의 가람은 남북으로 놓였지만 경사가 너무 급하고 터가 좁아서 많은 대중들이 이용하기에 어려운 곳이다. 직각 방향으로 놓인 동서 능선에 새로운 가람의 터를 다듬고 전각들을 배치했다. 두 개의 개울이 'Y'자형으로 만나는 곳이지만 비교적 경사가 완만하고 넓은 터를 얻을 수 있는 곳이다. 그리고 동서축을 따라 일주문, 금강문, 천왕문을 일렬로 세워 강력한 진입로를 조성했다. 하나의 문을 지나면 또 하나의 문이 다음 장면으로 유도하는, 조선시대 산사에서 자주 등장하는 수법이었다. 쌍계사는 3중으로 문들을 겹쳐 놓아 더욱 강한 진입 장치를 마련했다. 천왕문을 들어서면 누각 강당인 팔영루가 나타나고, 그 뒤 넓고 높은 계단식 마당 끝에 대웅전이 나타난다.

쌍계사의 대웅전 앞마당에는 오래된 비석이 하나 서 있다. 다른 사찰이라면 석탑이라도 있음직한 위치다. 바로 앞서 말한 〈진감선사 대공영탑비〉국보 제47호이다. 원래 이런 탑비는 고승의 사리탑과 쌍을 이루어 사리탑 근처에 놓이는 것이

위   팔상전. 옆으로 이어진 계단을 오르면 금당이 나온다.
아래   팔상전 앞마당의 끝은 3칸의 청학루가 마무리한다. 매우 급한 경사지에 터를 닦았기에 사진의 뒷면, 청학루의 정면은 경층한 비례의 누각이 되었다. 창건 연기 설화에 나오듯, "눈 속에 등나무 꽃이 핀 곳"에 가람 자리를 잡았던 결과이다.

원칙이다. 진감선사 혜소의 사리탑부도은 원 가람의 뒷산 정상 가까운 곳에 서서 가람을 내려다보고 있다. 원래 탑비도 그 부근에 있었을 것이다. 그것을 대웅전 마당까지 굳이 옮겨 세운 벽암대사의 뜻은 무엇일까? 한국 선종의 시조쯤 되는 혜소의 명성을 다시 중창의 근거로 삼았기 때문이다.

옮겨 오면서도 비석의 방향은 원래 방향인 남향을 하고 있다. 동서축으로 놓인 팔영루를 지나면, 비석은 정면을 보지 않고 옆으로 보고 있는 모습이 된다. 비록 옮겨 왔지만 원래는 이 방향이었다고 알려 주는 것 같다. 벽암은 그보다 800살이나 많은 혜소를 중창의 주인공으로 삼았다. 그러고 보면 '팔영루'라고 부르는 누각도 혜소를 연상시키는 이름이다. 혜소선사는 당나라에서 귀국할 때 선법만 가져온 것이 아니라, 범패와 차도 가져와 보급했다. 혜소는 불교의 의식용 음악인 범패를 제자들에게 가르쳤을 뿐 아니라, 직접 작곡도 했다. 섬진강에 뛰어 노는 물고기를 모티브로 8음률로 된 범패를 지었다는데, 그를 기념하여 누각 이름을 팔영루八詠樓라 한 것이다. 철저하게 혜소를 부각시킨 것이다.

석가모니 부처님이 영취산에서 설법 중에 연꽃을 말없이 꺾었고, 수제자인 가섭만이 미소를 지었다. 그 순간 부처의 마음은 가섭에게 전해졌고, 다시 가섭은 그의 제자에게, 또 제자에게, 대를 이어 끊이지 않고 전해져 달마대사까지 이르렀다. 달마는 그 마음을 전해 줄 제자를 인도에서는 더 이상 찾을 수 없다고 판단해 갈대 잎을 타고 바다를 건너 중국으로 갔다. 그는 중국에 정착하여 선법을 펼치며 중국 선종의 초조가 되었다. 2조 혜가慧可, 487~593에게 부처의 마음을 전했고, 3조 승찬僧璨, ?~606, 4조 도신道信, 580~651, 5조 홍인弘忍, 601~674을 거쳐 드디어 6조 혜능에 이르렀다. 혜능까지는 선지식과 제자의 관계가 1:1, 즉 단 한명의 후계자만 키웠지만 혜능 이후에는 많은 제자들이 생겨나 딱히 7조라 할 이가 없다. 혜능의 제자의 제자가 신감이고, 신감의 신라인 제자가 혜소이며, 그 맥은 조선시대 벽암까지 끊이지 않고 이어졌다.

〈진감선사 대공영탑비〉는 쌍계사의 실질적인 창건자
혜소의 일대기를 새긴 비석으로 최치원이 글을 지었다.
진감선사 혜소는 이 땅에 산문을 열었고
"문도들이 벼와 삼대와 같이 대열을 이루어
송곳 꽂을 땅조차 없었다."고 하였다.

혜소는 혜능의 영당을 짓고 그의 법통을 내세워
선문 일가를 이루었다.
벽암은 혜소의 비석을 새 가람의 중심에 옮김으로써
혜소의 법맥을 이었다.
혜능의 탑을 모신 금당 앞에 펼쳐진
지리산의 첩첩함이
천년에 가까운 인연의
돌고 돌음을 생각하게 한다.

오늘의 쌍계사에서 법맥을 거슬러 올라가면 벽암과 혜소를 거쳐 중국의 혜능까지 이르게 되고, 다시 홍인과 달마를 거쳐 인도의 가섭으로, 마지막으로 석가모니 부처까지 다다르게 된다. 어느 한 절도 부처로부터 끊어진 곳이 있으랴만 쌍계사는 지리적으로 인도까지, 시간적으로 2,500년 전까지 인연이 닿아 있다.

쌍계사는 삼법화상이 6조 혜능의 두개골을 훔쳐옴으로써 창건의 명분을 찾았다. 혜소선사는 혜능의 영당을 짓고 그의 현손이라는 법통을 내세워 선문 일가를 이루었다. 벽암은 혜소의 비석을 새 가람의 중심에 옮겨 세움으로써 혜소를 중창의 명분으로 삼았다. 이 질긴 인연의 끈은 천년에 가깝다. 중국 광동성의 남화사에는 지금도 혜능의 온전한 법신이 등신불로 보존되어 있다고 한다. 계율을 지키는 승려가 성자의 등신불을 유린하는 일을 할리도 없고, 당시 이미 선종의 창시자로 귀히 여기던 혜능의 시신을 중국에서 그처럼 소홀히 보관할 리도 없다. 혜능의 두개골은 여전히 중국에 모셔져 있을 것이다. 그렇다고 달라질 것은 없다. 비록 육신의 정상은 중국에 있겠지만, 전법의 정상은 쌍계사에 묻은 것이기 때문이다.

20m 높이의 절벽에 바닥 마루판을 걸고 한 칸 법당을 지었다.
바닥판은 공중에 뜬 인공대지이며, 한 줄기 구리 기둥에 의지하고 있다.
그야말로 백척간두 위에서 극한의 수행을 하던 선지식들의 용맹이다.
여기서 한 발 더 내딛어 허공에 몸을 맡길 때,
비로소 진정한 깨달음에 이를 수 있다는 구도의 길은 얼마나 험난한가?

백척간두에서
진리를 구하다

금강산 · 보덕암

구도의 길은 험난하다. 깨우침에 누구나 쉽게 도달할 수 있다면 깨우침이 아닐 것이다. 불가의 수도자들은 두문불출하며 천일기도를 하고, 잡념을 떨치려고 손가락을 자르기도 하고, 심지어 온몸을 불사르는 소신공양을 하기도 한다. 신라의 의상스님은 동해안 낙산사에서 관세음보살 친견을 목표로 기도하다가 이루어지지 않자 동해 바다에 몸을 날렸다. 그 순간 관세음보살이 나타나 의상을 구했다. 그래도 그는 다행이었다. 구도의 모험이 성공했으니.

당나라 때 장사스님長沙, ?~868에게 소문에 밝은 제자가 떠벌였다.

"옆 동네 어떤 현자는 깨달음을 얻어서 백 척이나 되는 대나무 위에 가부좌를 틀고 앉아 있습니다."

장사는 그 말을 듣고 지긋이 웃으며 말했다.

"그 사람, 아직 깨달은 게 아니다. 그 대나무 위에서 뛰어내려야 진정한 깨달음을 얻을 것이야."

"백척간두진일보百尺竿頭進一步 시방세계현전신十方世界現全身". 경잠선사의 법어는 이렇게 나왔다. 백 척약 30m 위의 까마득한 막대 끝에 앉아 있기도 힘든데, 거기서 한 걸음 더 나아가 뛰어 내려야 우주의 모든 진리가 모습을 드러내 깨달음에 이를 수 있다는 말이다. 백척간두에 섰다는 말은 모든 것을 포기하고 오로지 목숨만을 부지한다는 말이고, '진일보'란 목숨까지 포기하고 뛰어내린다는 말이다.

구도에 성공한 선지식들은 낮든 높든 간두에서 뛰어내린 이들이다. 세속의 인연을 끊고 산속 절간으로 출가한 것이 한 척약 30cm 쯤 되는 막대 위에 선 것이라면, 백일 동안 묵언 수행의 결재에 들어가기를 십여 차례 지내면 십척 간두에 선 것이리라. '백척간두'라는 표현은 얼마나 더 강한 결의와 고통을 수반하는 일일까?

『동국여지승람』은 변산반도에 있었던 한 수행처를 묘사하고 있다. '불사의방장不思義方丈'이라는 이름의 토굴이다. '방장'이란 사방이 1장, 즉 10척이 되는 수행처를 의미한다. '도저히 상상할 수 없을 정도로 희한한 방장'이라는 뜻이다. 이곳은 신라의 중 진표가 수행하던 곳으로 백 척 높이의 나무 사다리가 있었다. 사다리를 타고 방장 문까지 내려올 수가 있으며, 그 밑은 무시무시한 골짜기다. 쇠줄로 그 암자를 매어 당겨 못질하였는데 세상에서 말하기를 바다의 용이 한 짓이라고 전한다.

실제로 불사의방장 터가 발견되었다. 변산반도 깊은 산속 의상봉 동편 절벽 중간에 4평 정도의 평평한 바위 터가 있는데, 인근에서는 이곳을 다람쥐나 살 수 있는 곳이란 의미로 '다래미 절터'라 부른다. 쇠사슬을 걸었던 쇠고리가 아직도 남아 있고, 부서진 기와 조각들이 출토되니, 기록은 사실이었다. 또한 작은 옹달샘이 하나 있어서 격리 수행처의 최소한 요건을 갖추었다.

진표율사眞表, 718~?는 미륵신앙을 바탕으로 금산사와 법주사를 중창하고 법상종을 창시한 큰 스님이다. 27세 되던 해에 찐 쌀 20되를 말려 양식으로 삼아 이곳에 와서 5홉을 가지고 한 달을 먹었는데, 그중에서 한 홉한 되의 10분의 1은 떼어 쥐를 기르면서 미륵상 앞에서 몸소 계법을 구했다. 미륵보살과 지장보살을 직접 만나려 3년을 꼬박 수행하여 가져간 양식도 다 떨어져 갔다.

그는 육체에 고통을 가해 참회하는 이른바 망신참법亡身懺法을 수행했는데,

백척간두의 수행을 했던 또 한 사람,
진표율사

돌로 온몸을 두드려 손과 발이 떨어져 나간 것을 지장보살이 회복시켜 주었다고 한다. 그래도 뜻을 이루지 못하자 진표는 천길 절벽 아래로 몸을 던졌다. 그때 두 명의 파란 옷을 입은 동자들이 나타나 진표를 방장으로 들어 올렸고, 다시 마음을 잡고 21일을 더 수행한 이후 드디어 미륵보살이 나타나 직접 계를 주었다. 고립무원의 아찔한 환경 속에서 최소의 생활만으로 오로지 수행에 몰두하고, 사지를 자르고 뼈를 깎는 고통을 감수해도 깨달음은 오지 않았다. 한 발 더 나가 몸을 던짐으로서 드디어 깨달을 수 있었으니, 바로 '백척간두진일보'를 실현한 것이다.

보덕암 안의 보덕굴

불사의방장은 지금 터만 남았지만 그에 버금가는 암자가 오롯이 현존하고 있다. 바로 금강산 표훈사의 암자인 보덕암이다. '보덕굴'이라고도 부르는 이 암자에도 기막힌 전설이 얽혀 있다. 고려 초 회정이라는 승려가 금강산 송라암에서 3년 동안 관세음보살을 지극한 정성으로 부르며 친견할 것을 원하던 어느 날, 꿈에 흰 옷 입은 할머니가 나타나서 해명방을 찾아가라 점지했다. 몇 해를 헤맨 결과 어떤 산속 외딴 집에서 그를 만날 수 있었고, 그의 딸 보덕각시와 여러 날을 동침하여 화촉까지 밝히게 되었다.

그러나 승려의 신분으로 결혼생활을 한다는 것에 회의를 느껴 그 집을 떠났다. 이후 해명방은 보현보살이고, 보덕각시는 관세음보살의 화신이라는 사실을 깨닫게 된다. 다시 돌아가 보았지만 집도 사람도 사라져 버렸다. 크게 느끼는 바가 있어서 송라암으로 돌아와 관음기도를 계속하는데 꿈에 그 노파가 다시 나타나 회정의 전생은 고구려 때의 고승 보덕普德이었다고 일러 주었다.

회정은 보덕화상이 수도했다고 전하는 금강산 만폭동을 찾아갔다. 과연 만폭동 개울가에서 보덕각시가 몸을 씻고 있는 것을 발견했고, 회정이 다가가자 그녀는 황급히 절벽 위에 있는 굴 안으로 들어갔다. 회정이 쫓아가니 보덕각시는 간 곳이 없고 백의 관음상만이 모셔져 있었다. 이곳이 곧 관세음보살의 거처요, 보덕이 수행했던 곳임을 깨닫고 굴에 머물면서 열심히 수행하여 깨달음을 얻었다. 지금도 만폭동에는 보덕각시가 머리를 감았다는 '세두분洗頭盆'과 보덕각시의 그림자가 비쳤다는 '영아지影娥池'의 이름이 전한다.

　보덕굴 앞에 목조 전실을 지어 보덕암이라 했으며, 그 유명한 만폭동 계곡의 분설담이라는 절경의 바위 벼랑에 매달려 있다. 627년 고구려의 보덕화상이 창건했고, 1115년 회정대사가 중창했으며, 암자를 받치고 있는 구리기둥은 1511년에 설치했다고 한다. 일제강점기에는 굴 위에 요사채인 판도방도 있었는데, 지금은 사라져 없다.

보덕화상은 고구려의 마지막 고승이다. 그는 자신의 문도들과 함흥 반룡산 연복사에 기거하고 있었는데, 연개소문 치하의 고구려가 도교를 우대시하고 정치를 문란히 하자 도력으로 하룻밤 사이에 전북 완주군 고대산으로 승방을 옮겨 버렸다. 그래서 옮겨진 승방을 '비래방장飛來方丈'이라 불렀다. 이 이야기는 고구려 말 혼란기에 고구려 승려들의 집단 망명 사건을 설화한 것으로 해석할 수 있다.

　20m 높이의 절벽에 바닥 마루판을 걸고 그 위에 한 칸 짜리 법당을 세웠다. 공중에 떠 있는 인공 대지라 할 수 있는 이 바닥판은 절벽 쪽에 구멍을 파서 안쪽을 고정하고, 바깥 모서리의 한쪽은 낮은 돌기둥을, 높은 곳은 구리 기둥을 세워서 받쳤다. 보덕굴에 이르는 전실인 목조 법당은 한 칸 규모의 단층 건물이지만 팔작지붕과 맞배지붕, 그리고 그 위에 우진각 지붕을 겹쳐서 마치 중층 건물과 같이 보인다. 한옥에 쓰이는 주요 3가지 지붕 모양을 총동원한 재미

금강산 만폭동

보덕암은 높이 7m의 구리 기둥에 의지한다.

나무 기둥에 구리판을 감싸서 19개의 마디를 가진 대나무 모습이다.

이처럼 떠 있는 구조물은 옆이나 아래서 불어오는 돌풍에 취약하다.

이를 보완하기 위해 건물과 바닥을 쇠사슬로 묶어 두었다.

구도자는 허공에 몸을 던질 수 있지만, 건축은 절벽에 고정해야 했다.

있는 구성이다. 아마도 절벽과 전실 사이에 떨어지는 빗물을 방지하기 위해 동원된 방수기법의 묘안일 것이다.

이곳의 가장 큰 특징으로 꼽히는 구리기둥은 높이 7m에 달하는데, 나무기둥에 구리판을 감싸서 대나무 같이 19개의 마디를 둔 모습이다. 물론 비바람에 썩기 쉬운 나무 기둥을 보호하려는 목적이다. 건물의 무게로 바닥판에 안정하게 서 있을 수는 있지만 이처럼 떠 있는 구조물의 최대 취약점은 옆이나 아래에서 불어오는 돌풍이다. 바람의 압력은 바닥판을 위로 밀어 올릴 수도 있고, 건물을 옆으로 쓰러뜨릴 수도 있기 때문이다. 이를 방지하기 위해 건물의 벽면을 쇠사슬로 엮어서 고정시킨 흔적도 남아 있다.

법당은 절벽의 윗부분에서 계단을 타고 내려가 출입하게 된다. 내부에 들어가면 높이 2m, 넓이 1.6m, 깊이 5.3m의 암굴, 보덕화상이 개창했다고 하는 보덕굴이 나타난다. 이 안에 관음상을 모시고 수행했다고 하니, 변산의 불사의방장과도 유사한 수행공간이었다. 일제강점기 때 촬영한 사진을 보면 법당 위쪽 평지에는 작은 석탑과 4칸 규모의 판도방이 있었다. 승려들의 거처로 보이는 판도방은 모두 판벽으로 지었고, 매우 급한 경사의 우진각 지붕을 가졌다. 산중에서 쉽게 구할 수 있는 목재로 지은 순수 목조건물이며, 비바람에 견디기 위한 지붕으로 볼 수 있다. 그러나 추운 겨울에는 실내로 매서운 바람이 스며드는 엉성한 구조여서, 판도방이 있었다고 해도 험난한 수행의 고통은 줄어들지 않았을 것이다.

현재 보덕암은 출입을 철저하게 금하고 있다. 2008년 금강산 관광이 금지되기 직전, 일주일 전에 다행히도 보덕암에 오를 수 있었다. 여러 명의 감시원들이 출입을 금지하고 있었지만 그중 마음씨 좋게 생긴 아가씨 복무원에게 "일행들을 따돌릴 테니 혼자만이라도 내려가게 해달라."고 간청했다. 복무원은 한참을 망설이다 "도대체 무슨 일 때문에 그러냐?"고 물었고, 오로지 보덕암 하나 보려고 온 건축가라고 과장 섞어 대답했다. 그녀는 자기가 눈에 안 띄게 가려 줄 테니 혼자만 몰래 내려가라고 허락하면서 덧붙였다.

"위대한 유산 잘 살피시고, 남조선에 가서 훌륭한 건축질 하시라요."

천신만고 끝에 입구까지 내려가는 건 성공했지만 출입문은 굳게 닫혀 있었다. 비록 겉모습만 볼 수 있었지만 보덕암의 건축은 매우 강렬한 인상을 남겼다. 왜 저처럼 건축이 불가능한 곳을 골라서 법당을 지었을까? 온갖 무리를 다해가며 불가능을 가능하게 하여 얻을 수 있는 것은 무엇일까? 꼭 저런 곳에 가야 수행을 하고 깨달음을 얻을 수 있을까?

따지고 보면 보덕암만 그런 것은 아니다. 구례 사성암이나 황해도에 있다는 현암도 벼랑에 매달려 굴을 파고 법당을 지었다. 관악산의 연주암도 건축이 불가능한 산꼭대기 암벽 위에 축대를 쌓아 인공대지를 만들고 암자를 지었다. 울산의 문수암도 그렇다.

나라 밖으로 눈을 돌려도 백척간두형 종교 시설들을 종종 볼 수 있다. 중국 항산의 현공사懸空寺는 절벽 중간에 수평으로 보를 박아 잔도를 만들듯이 바닥판을 만든 위에 지은 큰 절이다. 절 이름에 걸맞게 '공중에 매단 절'이 되었다. 히말라야 산속의 불교왕국 부탄을 대표하는 사원인 탁상 곰파는 접근

위에서부터 중국 항산의 현공사, 부탄의 탁상 곰파, 그리스 마테오라의 수도원

이 불가능한 높은 절벽 중간에 조성된 사원이다. 이 사원은 티베트의 고승이 호랑이를 타고 날아와서 지은 것이라 전한다. 그래서 다른 이름도 '호랑이 둥지Tiger's Nest'이다. 다른 종교로 눈을 돌려도 발견할 수 있다. 그리스의 명소인 마테오라의 수도원들도 모두 바위산 꼭대기에 빈틈도 없이 지었다. 과거에는 두레박을 타고 출입을 했을 정도로 수직에 가까운 절벽들이다. 여기의 별명도 '독수리 요새'이다.

호랑이나 독수리 정도만 출입할 수 있는 요새에 지은 수도원들은 수도자들이 바깥세상과의 교류를 끊고 수행에만 전념할 수밖에 없는 물리적 환경을 의도적으로 만들었다. 인간은 얼마나 약한 존재인가, 수행이란 얼마나 많은 유혹을 끊어 내야 하는가.

중국 당나라의 엄양존자嚴陽尊者라는 훌륭한 스님이 조주선사에게 물었다.
"하나의 물건도 가지고 온 것이 없는데 어떻습니까?"
조주가 답했다.
"내려놓아라放下着."
"아니, 가져온 것이 없는데 뭘 내려놓으란 말입니까?"
"그렇다면 다시 짊어지고 가거라擔取去."
가져온 것이 없다는 관념마저도 내려놓을 때, 진리가 보인다. 마지막 집착 하나까지 없다고 하는 것까지 없애야 하는 처절한 구도의 길이다. 그러한 구도를 위한 건축물도 내려놓아야 한다.

건축에서 내려놓아야 할 최후의 것은 무엇일까? 바로 중력이다. 건축 발전의 역사는 중력을 거슬러 더 넓고, 더 높은 건물을 구축하려는 역사였다. 구도의 건축은 중력을 내려놓고, 허공에 건물을 매달고, 대지를 박차고 날아가야만 오를 수 있는 수직 절벽 위에 건물을 앉힌다.

중력을 거부하며 공중에 떠 있는 수도원들은
아찔한 구조적 긴장과 경이로움을 가지고 있다.
수도자가 목숨마저 내려놓을 때 진정한 깨달음을
얻듯이, 건축은 중력마저 거부할 때 영원한
아름다움을 얻는다.

건축에는 구조에 의한 아름다움이 있다. 견고하고 안정된 건축물에서 구조의 아름다움은 나타나지 않는다. 그러한 구조는 너무나 평안한 안정을 누리고, 너무나 일상적인 상식을 가졌기 때문이다. 구조미 構造美란 쓰러질 것 같고, 무너질 것 같은 위태로운 경계에서 생겨난다. 거대한 지붕이 공중에 떠 있을 때, 가늘고 높은 전망탑이 산 위에 솟았을 때, 이를 아름답다 하고 쉽게 기억할 수 있는 랜드마크라 한다. 자칫하면 지붕이 무너질 것 같고, 전망탑이 쓰러질 것 같은 그 팽팽한 긴장감 속에서 구조의 아름다움이 피어난다.

보덕암은 아름답다. 사성암도, 연주암도, 중국의 현공사도, 부탄의 탁상 곰파도, 그리스 마테오라의 수도원들도 아름답다. 아찔한 구조적 긴장과 경이로움을 가지고 있으며, 건축이 거부할 수 없는 중력조차 내려놓았기 때문이다. 백척간두에서 한 발을 더 내딛을 때, 중력이 없다면 나락으로 떨어지는 것이 아니라 공중을 날아가게 된다. 파멸을 맞는 것이 아니라 진정한 해방을 누리게 된다. 수도자가 목숨마저 내려놓을 때 진정한 깨달음을 얻듯이, 건축은 중력마저 거부할 때 또 다른 감동을 얻는다.

남쪽 바다의 큰 섬, 남해를 지키는 용문사는
온통 녹색 차밭으로 감싸여 있다. '일상다반사'라 했다.
절집에서 차는 일상적인 음료일 뿐 아니라,
'다선일체'와 같이 수행 생활의 한 방편이기도 하다.
용문사는 그야말로 '다사일체(茶寺一體)'의 놀랄 만한 조경을 이룬다.

남해·용문사·

차나 한 잔 하고 가게나

"대한민국의 영토는 한반도와 그 부속도서로 한다."

대한민국 헌법 제3조의 조문이다. 반도는 대륙이 아니라 '반은 섬'이란 뜻이고, 도서는 '진짜 섬'을 말한다. 우리 땅에 속하는 섬의 수가 3,153개라고 하는데, 그 수로 보면 가히 '섬나라'라 불러도 좋을 듯하다. 그러나 대부분의 섬은 본토인 한반도에 문자 그대로 부속된, 독립성이 약한 섬들이다. 크기도 작고, 인구와 소출이 적어 자족이 어려운 섬들이다. 그럼에도 불구하고 몇 개의 섬들은 예부터 독립된 행정구역으로서, 자족적인 특별한 세계를 만들어 왔다. 자치도가 된 제주도와 비상 수도로서 늘 준비를 해 온 강화도를 제외하고라도 거제도·진도·완도·남해도가 그들이다.

빼어난 풍경과 뿌리 깊은 역사 속에는 늘 명찰名刹이 자리 잡고 있다. 대부분의 섬들은 교통로가 없어 육지와 격리되고, 섬 특유의 강력한 민속 신앙에 떠밀려 변변한 사찰을 갖지 못했다. 그러나 남해도만은 유구한 사찰을 3개나 가지고 있다. 가장 유명한 것은 금산 절벽 위에 서서 관음보살 기도처로 유명한 보리암, 최근 급성장한 망운산 화방사, 그리고 다소곳하게 산속에 앉아 남해안의 절경을 바라보는 호구산 용문사이다.

우리나라에 대략 3,000개 정도의 사찰이 있다고 하니 같은 이름의 사찰들도 꽤 많을 수밖에 없다. 예를 들어 관음사, 문수사, 정토사 등은 수십여 곳에 달한다. 용문사도 인기 있는 이름이어서 열댓 곳에 이른다. 그 가운데 은행나무로 유

머리를 비우고 마음을 여는 곳 053

명한 양평 용문사, 윤장대가 있는 예천 용문사, 그리고 남해 용문사가 '3대 용문사'로 꼽힌다. 이들끼리의 해석에 따르면, 양평 용문사가 용의 머리, 예천은 몸통, 남해 용문사는 용의 꼬리에 해당한다고 한다. 남한의 지형을 한 마리 용에 비유한다면 그럴듯한 해설이다. 남해 용문사는 다른 용문사에 비견할 만큼 자랑할 문화재도, 유명한 전설도 없다. 단지 호젓한 분위기와 정갈한 주변 풍경이 돋보일 뿐이다. 그러나 평범함 속에 진리가 있고, 일상 가운데 깨달음이 있듯이 남해 용문사는 평범하면서도 비범하고, 외로우면서도 풍부한 사찰이다.

용문사龍門寺는 임진왜란 때 승병들의 본거지로 유명했고, 18세기에는 그 공로를 인정받아 수국사守國寺가 되었으며, 왕실의 복과 운을 기복하는 위축원당도 되었다. 호국사찰답게 앞바다에서 일어나는 동향을 감시할 수 있도록 호구산 중턱, 급경사지에 자리 잡았다. 당시에는 군사적 이유로 필요한 위치였지만 지금은 조망용으로 더할 수 없는 경승지가 되었다.

용문사의 입구는 절이 들어설 수 없을 정도로 급한 경사지이고, 게다가 'S'자로 휘어지는 개울이 있는 계곡이다. 본 절이 서 있는 마당으로 가려면 개울을 두 번 건너야 하는 매우 불리한 여건이지만 과감하게 두 개의 다리를 놓아 이 같은 장애를 극복했다. 첫 번째 다리를 건너면 천왕각天王門이 나오고, 여기서 다시 두 번째 다리를 건너 누각강당인 봉서루에 다다른다. 천왕각의 출입문에 서서 계곡과 다리와 누각이 어우러지는 장면을 바라보면 이 절이 원래 가지고 있었던 건축적 내공을 느끼게 한다.

용문사의 주 영역은 전형적인 조선 후기의 모습을 보여 준다. 봉서루를 돌아 안마당에 오르면 승방인 적묵당과 탐진당이 좌우로 감싸고, 그 가운데 정면에 대웅전이 높게 앉았다. 이처럼 주불전-좌우 승방-전면 누각이 하나의 마당을 에워싸는 가람 배치는 '4동 중정형'이라 하여, 불교가 위축된 조선 후기에 전국

위　승병들의 호국사찰답게 앞바다를 감시하고, 몸을 숨길 수 있도록 급하고 좁은 계곡에 자리를 잡았다. 드라마틱한 진입로는 덤으로 얻은 행운이다.
아래　산에서 흐르는 개울은 가람의 터를 여럿으로 쪼갰지만 길과 다리로 이어 붙여 하나의 가람을 이루었다.

머리를 비우고 마음을 여는 곳

작지만 당당한 모습의 대웅전.
임진왜란 이후, 승병들의 희생이 특히 심했던
서남 해안 일대는 많은 사찰들이 중창하는 부흥기를 맞았다.
그러나 여전히 열악한 전후의 경제 사정으로
3칸이라는 최소한의 법당에 만족해야 했다.
그럼에도 불구하고 구조는 견고하고 장식은 화려하다.
최소에서 최대를 추구했던 시대의 열망이었다.

적으로 나타나던 건축양식이다. 고려시대의 큰 사찰들은 많은 신도들이 운집하던 불전들의 영역과 승려들의 수행 영역을 구분하여 배열했는데, 신도와 승려들이 줄어 버린 조선시대 사찰들은 이 두 영역을 하나로 축소 통합하여 소략한 가람을 이루었다.

그러나 3칸으로 구성된 용문사의 대웅전은 당당하고 장엄하다. 몸체에 비해 길게 뻗어 나온 처마는 시골 법당답지 않게 날렵하고, 처마 밑 공포와 내부 닫집의 장식도 현란하다. 임진왜란 때 의승병들의 희생적인 활약에 대한 보답으로 정부는 숭유억불책을 완화했고, 전후 1세기 동안 불교계에 일대 중흥의 바람이 불었다. 특히 서남해안 일대에 많은 작은 산사들을 중창했는데, 이 시기의 불전들은 전후 재건기의 열악한 경제 사정 때문에 불전들은 3칸의 최소 규모로 만들어졌다. 그러나 불법 숭상의 열망은 대단하여, 불전을 화려하게 장식하고 장엄한 형태를 갖게 했다. 용문사 대웅전은 당시의 시대상을 고스란히 담고 있는, 작지만 화려한 건물이다.

무엇보다 용문사의 진면목은 대웅전 뒷산의 놀랄 만한 풍경이다. 소나무 따위의 숲이 있어야 할 지리에 녹색의 융단을 깔아 놓은 듯, 차밭을 가꾸어 놓은 것이다. 차나무의 높이는 사람 허리 정도로 일정해서 볼록하게 잘생긴 뒷산의 지형이 고스란히 드러난다. 차밭의 면적도 넓어서 절 뒤편 전체를 덮고도 남는다. 마치 용문사 가람을 커다란 녹색 자루에 담은 것 같은 풍경이다.

차 문화는 현재 불교에서 주도하고 있고, 스님들의 취미 가운데 가장 중요한 부분일 것이다. 국내 모든 승방에는 다구들을 마련하여, 스님들 스스로 애용할 뿐 아니라 찾아온 손님들에게 무엇보다 먼저 차를 내어 대접한다. 모든 승방들은 곧 다실이다. 아마도 세계 최다 다실을 보유한 나라가 아닐까? 고려시대까지도 차 문화는 일반 세속에서도 보편적으로 애용하던 취미였는데, 성리학의 사대부들이 주도하는 조선사회에서는 그 자리를 음주 문화에 넘겨주었다.

따라서 차 문화는 산속의 선방에서만 근근이 이어졌고, 18세기에는 초의선사 草衣, 1786~1866라는 걸출한 차의 명인을 배출하여 차 문화를 중흥시켰고, 그 맥이 현재까지 연결된다.

현재 국내에는 내로라하는 다실들을 보유한 절들이 많다. 우선 초의선사의 본거지였던 해남 대흥사 일지암을 들 수 있다. 두륜산 높은 곳에 위치한 일지암은 한국 차 문화의 성소이며, 1970년대에 발굴과 고증을 거쳐 현재 모습으로 복원한 곳이다. 이곳을 오랜 기간 지키며 다주 역할을 한 여연 스님은 다시 강진 백련사에 다실을 만들었다. 백련사는 정약용 선생이 오랜 유배생활 동안 연고를 맺었던 곳이다. 정약용은 자신의 호를 '다산茶山'이라 할 정도로 차에 조예가 깊었고, 강진 유배 당시 젊고 총명한 승려였던 초의에게 차를 가르쳤다. 초의는 좋은 차나무를 재배하여 일대에 보급하였고, 초의와 친밀한 교분을 맺었던 추사 김정희가 중앙 무대에 차 유행을 선도하게 된다. 초의는 차에 관한 독창적인 이론서를 저술했는데, 그 유명한 『동다송東茶頌』이다. 이 책은 이후 한국 차문화의 바이블이 되었고, 초의는 다성茶聖의 경지에 올랐다.

남양주 수종사 다실과 순천 선암사 다실도 유명하다. 특히 선암사는 전 주지인 지허 스님이 주도한 동호회를 통해 활발한 차 문화 보급에 힘써 왔고, 인근에 야생차 체험관까지 건립했다. 이들뿐 아니라 많은 사찰들이 최근 들어 부쩍 경내 다실들을 신축하고 있는데, 가장 전망이 좋은 위치에 자리해서 사찰 안의 휴식 명상 장소로 각광을 받는다.

한국 차의 시원에 대해서는 외래설과 자생설로 의견이 엇갈린다. 자생설 주장자들은 지리산 쌍계사 일대가 '한국 차의 시배지'라 하고 그곳에 기념비까지 세웠다. 그 유래야 어찌되었든 현재 국내 명차들은 대개 남도 지방의 사찰들에서 나오고 있다. 사천 다솔사의 반야로, 장흥 보림사의 보정차, 구례 화엄사의 학사차, 여연스님이 백련사에서 만든 반야차 등이 그것이다.

위　뒷산 차밭에서 내려다 본 용문사의 가람.
차밭이 주인일까, 절집이 주인일까? 늘어나는 승방들은
다소곳하여 눈에 거슬리지 않고, 비교적 근래에 조성한
차밭은 땅과 가람의 생김새와 어우러졌다.
아래　해남 대흥사 일지암

이처럼 차와 인연이 깊은 다른 사찰들에 비해 용문사의 차력은 역사가 일천하다. 용문사는 쌍계사의 말사로서, 1990년대 말 고산 큰스님이 쌍계사 차 나무를 분종하여 재배를 시작했다고 한다. 그러나 용문사는 차밭이 어떻게 가람 건축의 커다란 조경 요소가 될 수 있는지 적극적으로 실험한 사례이다. 또한 차 문화가 얼마나 사찰의 수행 생활에 중요한 부분인지 드러내는 상징이기도 하다. 다른 사찰들은 오랜 사적 때문에 차 문화가 작은 부분으로 파묻혔지만 용문사의 차밭은 가람 전체를 지배하는 주도적 요소가 되었다. 특히 용문사 차밭에 감사한 것은 최근의 건축적 변화가 과거의 용문사를 해치지 않는다는 점이다. 승방이 늘어나도 다소곳이 눈에 안 띄게 확장했고, 차밭은 조성해도 땅과 가람의 생김새에 너무나 잘 어울리도록 만들었다. 오히려 그 전 가람의 상태보다 훨씬 아름다운 풍경을 만들었다. 오래된 사찰에 손을 대면 댈수록 망가뜨리는 참담한 광경들에 너무나 익숙했기 때문에 용문사의 개선은 경이로울 정도이다.

차 문화로 이름난 남도 지역 사찰들의 경내에는 흔히 차밭이 있다. 순천 선암사나 사천 다솔사는 뒷산 가득 야생차를 키워 자연스러운 차 숲을 이룬다. 반면, 용문사 뒷산의 차밭은 질서 정연하게 재배하는 '인공적인 자연'의 풍경이다. 차밭 사이로 규칙적인 작업로를 내서 마치 녹색의 물결이 치는 바다와 같다. 다른 절의 야생차 숲은 들어갈 수 없지만 이 절의 차밭은 작업로를 따라 산책도 가능하다. 녹색 물결 속에 파묻혀서 가람의 뒤태를 감상하고, 앞산 사이로 뚫린 바다를 바라보는 풍경은 어느 다른 곳에서는 경험하기 어렵다.

초의선사가 말하는 다도의 네 가지 조건은 좋은 차 잎을 따고, 차를 잘 덖으며, 좋은 물에, 적절히 우려 내는 것이다. 이 네 가지 가운데 하나라도 어긋나면 좋은 차를 즐길 수 없게 된다. 절 뒤에 차밭을 일구는 이유가 여기에 있다. 다른 곳에서 재배한 차는 평가와 구입 과정을 거쳐야 하는 번거로움이 있다. 또한 차를 따는 때도 현묘하다. 연한 새싹이 올라오는 곡우나 입하 전후 보름 정도에 따야하며 이슬 맞은 아침에 따는 것이 가장 적당하다고 한다. 이처럼 까다로운 시기를 맞추려면 가까운 곳에 차밭을 직접 가꿀 수밖에 없다.

 차는 인스턴트 음료로는 절대 느낄 수 없는 감각을 요구한다. 은은하면서 투명한 빛깔을 눈으로 즐기고, 신선하고 오묘한 향을 코로 맡으며, 찻잔을 통해 전해 오는 은근한 온기를 손으로 느끼고, 약간 떫으면서도 달콤한 맛을 혀로 즐기고, 더불어 입으로 넘어가는 소리를 귀로 듣는다. 차 한 잔 마시는 행위는 오감을 동원하는 총체적인 체험이다. 게다가 차는 다구를 준비하고, 끓은 물을 식히고, 차 잎을 우려 내고, 찻잔에 따르고, 손으로 들고 마시는 과정에 많은 시간을 소요한다. 대표적인 느린 음식, 슬로우 푸드이다.

'일상다반사日常茶飯事'라는 말이 있다. '늘 흔히 있는 일'이라는 뜻인데, 그만큼 자주 차를 마신다는 절집 생활에서 유래한 말이다. 스님들은 왜 차를 좋아할까? 차는 기호품이 아니라 수행의 중요한 음료이고, 다도 자체가 선 수행의 일환이다. 그 오랜 시간 까다로운 여러 과정을 거치면서 마음을 가라앉히고 내면 세계를 평정히게 한다. 설대 급한 마음과 잡념을 담아서는 차를 제대로 즐기지 못한다. 차를 마시며 얻어지는 평온은 바로 선의 경지가 아니고 무엇인가?

중국 당나라의 선사 조주가 막 도착한 승려에게 물었다.
 "여기 와본 적이 있는가?"
 "예, 와본 적 있습니다."
 "그래, 그러면 차나 한 잔 하고 가게나."
 옆에 온 다른 승려에게 다시 물었다.
 "그대는 여기 와본 적이 있는가?"
 "아니요, 저는 와본 적 없습니다."

용문사의 차밭은 규칙적인 작업로를 내어
녹색의 물결이 치는 '인공적인 바다'이다.
가람의 뒤는 녹색의 바다, 멀리 앞은 자연의 바다가 되어,
용문사는 섬 속에 떠 있는 또 하나의 섬이 된다.
녹차의 섬에서 센가이의 동그라미를 다식삼아
조주의 차 한 잔을 마신다.

"그래, 자네도 차나 한 잔 하고 가게."

이 문답을 지켜보던 원주스님이 조주선사에게 물었다.

"스님, 어째서 와본 적이 있는 사람에게나 와본 적이 없는 사람에게나 똑같이 차를 권하십니까?"

조주가 대답했다.

"원주, 자네도 차나 한 잔 하고 가게."

선가에서 너무나 유명한 '끽다거 喫茶去' 화두이다. 선문답은 언어와 논리로 해석할 수도 없고, 해석하는 게 아니지만, 깨우침은 멀고 특별한 곳에 있는 것이 아니라 가까운 일상 속에 있다는 의미일 것이다. "평상심이 곧 도 平常心是道"라는 말처럼 차 한 잔은 바로 평상이고 일상이다.

일본 에도시대의 명승 센가이는 도를 묻기 위해 찾아온 사람에게 허공에 손으로 크게 원을 그리고 말했다.

"이걸 먹고 차를 마시게."

용문사 뒷산 차밭에 올라 앞을 바라보면 센가이가 허공에 그리는 원이, 조주의 차 한 잔이 보이는 듯하다.

II
고려 사원에서
조선 절집으로

춘천 청평사

청양 장곡사

보은 법주사 팔상전

고창 선운사와 참당암

여수 흥국사

고려 중기, 최고 명문가 출신인 이자현은
청평산 골짜기 전체를 거대한 스케일의 선원으로 조성했다.
10여 곳에 불당과 암자, 정자를 세웠고,
크고 작은 골짜기마다 정원을 만들었다.
그는 자연과 지형지물을 활용해
최소의 인공만으로 정원을 만들었다.
천년의 세월 동안 쓸려 가고 묻혀 버렸지만
밝은 눈을 크게 뜨면 그 흔적을 발견할 수 있다.

·춘천·청평사·

고려 정원의
숨은 그림 찾기

절집을 찾아가는 길이 가장 낭만적인 곳이 어디냐고 묻는다면 춘천의 청평사가 아닐까 싶다. 청평사로 향하는 길은 1973년에 만들어진 소양댐으로 인해 거대한 호수로 바뀌어, 지금은 호수에 비친 산 그림자를 가르며 배를 타고 들어가야 한다. 뿐만 아니라, 배에서 내려 오봉산의 깊은 골짜기 길을 굽이굽이 걸어가다 보면 기이한 바위와 절경의 폭포를 만나게 되고, 느닷없이 나타나는 인공 연못을 지나야 비로소 절의 입구에 다다르게 된다. 때문에 많은 관광객들의 놀이 길로, 애정 청춘들의 데이트 코스로 유명해졌다.

그러나 절을 포함한 2km의 긴 계곡에 숨겨진 거대한 비밀은 별로 알려지지 않았다. 이 계곡은 국내 최대의 정원이 조성되었던 곳으로 현존하는 가장 오래된 고려시대 정원의 흔적을 볼 수 있다. 그리고 단순히 자연을 즐기기 위한 것이 아니라, 정원 자체를 선 수행의 수련장으로 삼았던 선禪의 정원, 또는 선의 장원―선원禪園과 선장禪莊―으로 유일하게 남아 있는 곳이기도 하다.

청평사淸平寺는 고려 초기인 973년 광종 24년에 중국 후당의 승려인 영현선사永賢가 이곳에 백암선원을 창건하면서 역사를 시작한다. 이 선원은 소규모 암자와 같은 개인적 장소로 만들어진 것 같다. 그 주인이 사라지면 선원도 폐쇄되기 일쑤여서, 한동안 폐허로 남게 되었다. 한 세기 후에 고려 최고의 문벌인 인주 이씨 가문의 이의가 이 경운산 골짜기의 빼어난 경관에 반해서 '보현원'이라는 개인 선원을 열었다. 이곳을 대대적으로 정비하고 유명 선원으로 명성을 얻게 한 이는 이의의 아들인 이자현李資玄, 1061~1125이었다. 그는 경운산을 '청평산'으로 이름을 바꾸고, 선원의 이름 역시 '문수원'으로 바꾸어 평생을 이곳에서 지냈다. 보현원이 선 수행과 실천을 주관하는 보현보살을 기리는 의미라면, 문수원은 지혜의 보살인 문수보살을 따르는 이름이다. 지식과 선정, 논리와 직관 사이의 중용을 이루며 독특한 선풍을 일으켰던 이자현의 사상을 단적으로 보여 주는 명칭이었다.

이자현은 세 딸을 모두 왕비로 배출한 당대 권력 이자연의 손자이다. 이자현의 세 고모 가운데 인예태후는 네 명의 왕자를 출산했다. 그들 가운데 3명이 왕위에 올라 순종, 선종, 숙종이 되었고, 나머지 아들은 바로 대각국사 의천義天, 1055~1101이었다. 할아버지 이자연은 4대 왕에 걸쳐 국공의 지위에 있었고, 아버지 이의도 고위 관직을 섭렵했다. 게다가 사촌형인 이자겸은 예종과 인종의 장인이 되었고, 나중엔 스스로 왕좌를 노려 이자겸 난의 주인공이 되었다. 인주 이씨 가문은 문종부터 인종까지 6대에 걸친 최고의 외척 벌족으로 군림했다.

이자현 역시 23세 때 과거에 급제하자마자 약관의 나이에 고위 관직에 올랐고, 이미 이때 사랑하는 부인과 단란한 가정을 이루고 있었다. 지금으로 말하자면 최고 재벌 가문에 태어나 명문대학을 졸업하고, 유력 가문의 재원과 결혼하여 고시에 합격한 엄친아였다. 그러나 어떤 인생에도 햇빛만 비치는 건 아니다. 무소불위의 족벌이 될수록 말썽도 많았다. 사촌 이자의는 숙종과 사사건건 대립하다 폐족이 되었고, 순종 왕비가 된 일가 누이는 궁의 노비와 사통하여 폐비가 되는 불명예도 겪었다. 인주 이씨 족벌 안으로는 부정부패가 만연했고, 밖으로는 다른 족벌들과 끝없는 권력투쟁을 벌이고 있었다. 신성해야 할 불교계는 교와 선, 종파와 종파로 분열하고 문벌 귀족들과 야합하여 또 다른 갈등의 근원이었다. 게다가 이자현은 27세 때 사랑하는 부인을 병으로 잃으며 개인적으로도 큰 시련을 겪게 된다.

정계와 교계, 가족사에 염증은 느낀 이자현은 모든 것을 정리하고 부친이 만들어 놓은 보현선원으로 들어와 65세로 세상을 뜰 때까지 37년간 이곳에서 수행을 하게 된다. 개성을 떠나 임진강을 건너면서 이자현은 "이제 떠나면 다시는 개성으로 돌아오지 않겠다."고 결심했다고 한다. 그는 끝까지 결심을 지켰다. 예종이 수차례에 걸쳐 만나기를 청했으나 궁에 가지 않았고, 마지못해 개성이 아닌 남경지금의 서울에서 예종을 만난 적이 있을 정도였다.

이자현은 명문가의 자제답게 청평산 골짜기 전체를 거대한 스케일의 선원으로 조성했다. 10여 곳에 불당과 암자, 정자를 세웠고, 크고 작은 골짜기마다 정원을 만들었다. 그는 자연 지형지물을 최대한 활용하여 최소의 인공만 가한 정원을 만들었으나, 그나마 1,000여 년의 세월 동안 쓸려가고 묻혀 버려 밝은 눈이 아니면 그 흔적도 찾기 어렵다.

정원은 길이 2km의 계곡을 중심으로 약 60,000여 평의 방대한 면적에 펼쳐진다. 본 절을 중심으로 아래쪽에 구성폭포와 영지 구역, 위쪽으로 서천 구역, 선동 구역, 견성암 구역으로 크게 4개의 영역으로 나누어진다. 절경 중의 절경이라 할 수 있는 구성폭포또는 구송폭포를 문수원 정원의 입구라고 할 수 있다. 여기까지는 비교적 완만하고 넉넉한 자연을 감상하는 것만으로도 충분하지만 폭포 안쪽부터는 자연 속의 선원, 정원 속의 선원이 펼쳐진다.

4개의 정원 구역은 서로 거리가 꽤 떨어진 독립된 구역이다. 선동 구역과 견성암 구역이 암자를 중심으로 펼쳐진 수행용 정원이라 한다면, 영지 구역은 정자와 영지를 중심으로 조성한 대중용 정원이다. 각 정원은 공통적으로 물과 돌을 주제로 전개된다. 골짜기의 개울과 폭포를 이용하고, 곳곳에 크고 작은 연못을 만들었고, 자연석들을 쌓아 대와 건물터와 가산을 만들어 경관의 변화를 더했다. 특히 돌을 쌓아 자연적인 경관을 만드는 기법을 '첩석법疊石法'이라 하여 문

청평거사 이자현은 세상의 유혹을 뿌리치며 말했다.
"새의 즐거움은 깊은 숲 속에 있고,
물고기의 즐거움은 깊은 물에 있다.
물고기가 물을 사랑한다고 해서
새까지 깊은 물로 데려오면 안 되고,
새가 숲을 사랑한다고 해서
물고기마저 깊은 숲으로 데려와서도 안 된다."
그는 진정으로 자연과 인생을 즐길 줄 아는 인물이었다.

위　　구성폭포
아래　숲길의 거북바위

수원 정원의 가장 큰 기법으로 꼽는다. 영지 구역과 같이 비교적 평지에 조성한 평정平庭, 서천과 선동 구역의 계류를 이용한 계정溪庭, 견성암 구역의 급경사지를 이용한 산정山庭을 만들어 지형에 적응하는 다양한 솜씨를 선보였다.

영지 구역의 중심은 네모난 영지이다. 구성폭포에서 청평사로 가는 진입로 중간에 위치하고, 최근에 복원 정비했기 때문에 눈에 잘 띈다. 길이 19m, 폭은 11.7~16m의 사다리꼴 모양으로 연못 가운데 3개의 돌을 놓았는데, 아마도 봉래·방장·영주의 삼신산을 상징하는 것으로 보인다. 영지의 수심은 한 자 정도로 깊지 않아 오봉산의 봉우리들이 수면에 비치는 거울 효과를 볼 수 있다. 이 때문에 이름도 '그림자 연못'이라는 뜻의 '영지影池'라 붙였다. 조선 중기의 문인 서종화徐宗華, 1700~1748는 「청평산기」에서 "봉우리와 바위가 깎아지른 듯 서 있고 산의 암자가 연못에 또렷이 비치는 것이 마치 그림과 같다."고 다소 상투적으로 영지를 묘사했다. 영지는 예전부터 문수원 정원의 가장 큰 명소였던 것으로 추측할 수 있다.

이자현은 청평사 북쪽의 선동계곡에 본격적인 선원을 조성하여 수행의 본거지로 삼았다. 예의 첩석 가산, 인공 석실, 좌선대 등을 만들어 선禪 수행에 활용했다. 이지현이 직접 쓴 '정평식암淸平息庵'이라는 바위 각자도 남아 있다. 그가 머물렀던 암자 식암息庵 터에는 현재 적멸보궁이 건립됐다. 평평한 바위에 마련한 좌선대에서 종종 하루 종일 꼼짝 않고 선정에 들었다고도 하고, 암자에 들어가 7일 동안 두문불출 용맹정진했다는 기록도 남아 있다. 후대의 기록에는 "평소 누비옷을 입고 채식을 했으며, 청정을 즐거움으로 삼은 수행 생활이었다"고 전한다.

이자현은 자연 속에서 여유로운 명상에만 잠긴 것은 아니다. 그는 최고의 지식인으로 경전 연구에도 조예가 깊었고, 이론과 수행, 교와 선을 겸했으며 특히 『능엄경』에 해박했다. 경전 연구와 깊은 명상 중에 『설봉어록』에 있는 "천지 하

서종화는 「청평산기」에서 "봉우리와 바위가 깎아지른 듯
서 있고, 산의 암자가 연못에 또렷이 비치는 것이
마치 그림과 같다."고 영지를 묘사했다.

나하나가 눈인데 너는 어느 곳을 향해 웅크리고 앉아 있느냐?"는 화두에서 크게 깨우쳤다고 한다. 자연과 일상이 모두 깨달음의 주체요 대상이라는 뜻을 알아차렸을까? 이 넓은 골짜기 곳곳에 남겨진 이자현의 손길, 문수원 정원의 흔적은 바로 이 깨우침의 증거일 것이다. 한 줄기의 시냇물도, 한 조각의 돌멩이도 모두 소중한 깨달음의 세계인 것이다.

그의 수행 생활과 사상, 문수원 선원의 운영은 고려 불교와 지식인 사회에 큰 충격을 주었다. 그때까지 불교와 사찰 운영의 주체는 왕실과 승려들이었다. 이들은 왕권 또는 출가자라는 우월한 지위를 이용해 불교를 하향식 체계로 만들었다. 그러나 이자현과 같이 능력 있는 재가자들은 사찰과 선원을 세워 선맥을 세우고, 특정 경전을 연구하여 이른바 '거사 불교'라는 신선한 바람을 일으켜 불교계의 혁신을 유도했다. 후배인 김부식도 설당거사를, 이규보는 백운거사를 자처하며 이자현의 뒤를 이었다. 당대 최고의 유학자들도 종교는 불교도로서 정계와 교계 양쪽에서 모두 중요한 역할을 담당했던 것이다.

문수선원의 명성이 높아지고, 이곳 정원의 소문이 널리 퍼지면서 많은 권문세족들이 교류를 희망하고, 무수한 승려들이 찾아와 제자 되기를 청했다. 그러나 이자현은 친분이나 세속의 인연에 연연치 않고, 인품을 보아 친교하고 실력을 보아 제자를 삼았다. 이자현의 선법은 혜조국사와 대각국사에게 이어져 발전하다가, 드디어 후대의 보조국사 지눌까지 이르게 되었다. 이자현은 어떤 의미에서 조계 선종의 먼 뿌리이기도 하다.

문수선원과 정원은 원래 개인의 은둔과 수행을 위해 만들어진 지극히 사적인 공간이었다. 당시에는 대중이 모이고 집단 수행을 하는 대중 사찰이 없었던 듯하다. 대중 사찰로서의 청평사는 1550년 명종 5년, 보우선사가 크게 중창함으로 이루어졌다. 이때는 이미 문수원 정원은 폐쇄되어 자연의 일부가 되었을 것이다. 청평사는 오랜 동안 위세를 유지하다가 조선 말부터 여러 차례 화재로 인해 회전문만 남기고 폐허가 되었다. 남겨진 회전문은 조선 초기의 건축기법을 잘 보존하고 있어서 보물 제164호로 지정되었다. 20세기 말, 본격적인 발굴조사와 복원사업으로 현재의 모습을 갖추었다.

복원된 청평사는 몇 가지 독특한 모습을 보인다. 회전문부터 본전에 이르는 명확한 중심축 위에 경운루와 능인전을 세웠다. 경사지에 6단의 축대를 쌓고 3겹의 행각을 나란히 겹쳤다. 고려 초까지 사찰들은 본전의 사방을 회랑이 에워싸는 가람형식을 유지했는데, 고려 중기 이후로 전면의 긴 행각을 제외하고 나머지 3면의 회랑은 사라져 실용적인 건축형식으로 바뀌었다. 그래서 조선 초의 사찰들은 전면 행각들이 중첩되는 구조로 가람을 만들었는데, 현존하는 사찰들은 거의 조선 후기에 변화된 모습이어서 그 원형을 볼 수 없다. 현재의 청평사는 복원 시점을 보우의 중창기로 잡아, 전면 행각이 세 겹으로 놓인 조선 초기 가람을 보게 된 것이다. 고려의 정원 속에 조선 초기의 가람이 섰으니, 이 또한 다른 곳에서는 접할 수 없는 소중한 시대적 만남이라 하겠다.

문수원 정원은 지식인이자 불교의 거사인 이자현의 사상을 따라 만들어진 곳이다. 한국의 정원은 중국의 도교와 고유한 산신사상에 기초한 것으로 알려졌다. 그러나 문수원 정원은 불교적이고 선적이며 매우 개인적인 생각에 뿌리를 두고 있다.

우선 은둔거사 이자현의 성품과 같이 철저하게 자연성에 기준을 두고 있다. 인공적 조작을 가급적 억제하고 자연의 지형을 최대한 활용하여 자연과 인공

복원된 가람은 16세기 보우선사가 중창했을 당시의 모습이라 볼 수 있다. 3겹의 행랑들이 겹겹이 놓여, 고려 가람의 맥을 잇는 조선 초의 모습이다.

위　가람의 첫 번째 행랑. 가운데 회전문은
숱한 전란의 피해 속에서도 살아남은 16세기의
작품이다.
아래　회전문을 들어서 법당까지 이르는
중심축선

고려 사원에서 조선 절집으로　075

청평사 가람은 최근에 중창 복원한 것이지만,
기단과 초석들은 오래된 붙박이였다.
땅에 묻혀 버린 흔적들을 추적해 가면 가람을
다시 복원해 낼 수 있다.
조직적으로 배열된 본 가람에서 떨어져
자유롭게 앉아 있는 극락보전도
땅의 지문(地紋)으로 다시 풀어낸
구성의 비밀이다.

의 구분을 모호하게 만들었다. 특히 첩석법이라는 지극히 자연스러운 기법을 한국정원에 도입한 본격적인 사례라고 할 수 있다.

이자현은 산속에 묻혀 사는 도사나 지방의 무지렁이가 아닌, 고려 최고의 명문가 출신의 지식인이었다. 그는 경전을 버리고 선에만 몰두하는 '사교입선捨敎入禪'을 배격하고, 경전 탐구와 참선 수행을 병행하는 독특한 거사 선풍을 확립했다. 문수원 정원 역시 매우 계획적이고 조직적이다. 이 넓은 영역의 여러 정원에 기능을 정하고, 지형을 분석하여 그곳에 맞는 정원을 조성하고, 각 정원이 다양하게 변화하면서도 첩석법과 같은 독특한 기법으로 통일성을 추구했다. 자연적이면서 지적인 정원이 된 것이다.

또한 문수원 정원은 생활과 감상이 결합된 일상적인 정원이었다. 잠깐 방문해서 일시적으로 즐기거나, 거대 건축물에 부속되어 시각적 즐거움만 주는 정원이 아니었다. 정원 자체가 생활의 무대였으며 수행의 장소였기 때문에 보고, 듣고, 만지고, 느끼는 총체적 감각의 정원이었다. 이자현은 올바른 수행을 하려면 올바른 감각을 가져야 한다고 강조했다. 색, 냄새, 소리, 맛, 촉감을 담당하는 눈, 코, 입, 귀, 혀, 그리고 인식인 식을 더해 '육근六根'이라 부른다. 문수원은 육근의 정원이다. 때문에 한눈에 보이지도 않고, 경계가 명확하지도 않다. 육근을 동원해야만 느끼고 알 수 있는 정원이다.

이자현은 청평산에서 청산을 벗하며 맑고 깊게 여생을 보냈다. 예종 임금의 거듭된 부름과 정계의 유혹을 뿌리치며 이러한 진정표陳情表를 올렸다. "새의 즐거움은 깊은 숲 속에 있고, 물고기의 즐거움은 깊은 물에 있습니다. 물고기가 물을 사랑한다고 해서 새까지 깊은 물로 데려오면 안 되고, 새가 숲을 사랑한다고 해서 물고기마저 깊은 숲으로 데려와서도 안 됩니다." 왕실은 이에 감복하여 '진락공眞樂公'이라는 시호를 내렸다. 진짜 자연과 인생을 즐길 줄 아는 인물이라는 최고의 찬사를 담은 시호였다.

장곡사는 언덕의 위와 아래에 두 개의 대웅전을 가진 특이한 절이다.
한 절에 두 개의 대웅전이 있는 이유는 정확히 알 수가 없고 단지 추측만 할 뿐이다.
두 대웅전 건물에서 흥미로운 시대적 변화상을 읽을 수 있다. 위의 대웅전은
신라시대 바닥과 간살이를 유지하고 있으며 몸체는 고려시대, 지붕은 조선 말기의 것이다.
반면 아래의 대웅전은 오롯이 조선 중기의 작품이다. 따라서 두 대웅전의 구조법을 읽어 가면
신라에서 고려, 조선 중기와 후기의 모습들을 따라가는 시간 여행을 할 수 있다.

청양 · 장곡사 ·

신라에서
조선으로
시간 여행

  1989년 어느 지방 출신의 가수였던 주병선은 "콩밭 매는 아낙네야……"로 시작되는 지극히 지역적인 가사와 전통적인 가락의 노래를 걸쭉한 창법으로 발표했다. 이 노래는 지역을 넘어 전국적인 히트를 기록했고, 아직도 중년들의 노래방 애창곡으로 꼽힌다. 노래의 제목이 충남 청양에 있는 '칠갑산'이고, 장곡사는 그 칠갑산 서쪽 중턱에 자리 잡고 있다.

  최고 높이 561m의 칠갑산七甲山은 높지 않은 산이지만 충남에서는 계룡산, 가야산과 함께 '충남 3대 명산'으로 꼽힐 만큼 아기자기한 풍광을 자랑한다. '칠갑산'이란 명칭은 산속에 7개의 명당이 있어서 붙었다는 설도 있지만, 최근의 불교적 해석이 더 흥미롭다. 고대 인도인들은 세상을 이루는 6개의 원소, 즉 육대六大로 지수화풍공식地水火風空識을 만들었는데, 여기에 견見을 더하면 칠대七大가 되어 만물을 의미하게 된다. 그 칠대의 으뜸甲이 되는 산이라 칠갑산이라 한다는 그럴듯한 해석이다.

  칠갑산과 장곡사가 속한 청양군은 지자체 홍보 마케팅에 탁월한 솜씨를 보여 왔다. 칠갑산에 '충남의 알프스'라는 별명을 붙여 관광지 개발에 열심이었고, 청양고추를 고유 상표로 등록하여 매운 명품 고추의 대명사로 전국에 퍼트렸다. 원래 원산지라고 주장하는 경북 청송군과 영양군의 항의는 청양고추의 명성을 더 높여 주는 데 일조를 할 뿐이다. 청양 장곡사는 공주 마곡사와 예산 안곡사(지금은 없음)와 함께 '충남의 삼곡사'라고 홍보하여 장곡사의 관광 가치를 적극적으로 알려 왔다. 이런 지자체의 노력은 높게 살 만하지만 장곡사를 관광 사찰로만 취급하여 그 참된 가치를 희석하는 부작용도 있다.

장곡사 長谷寺는 850년 보조선사 체징 體澄, 804~880이 창건한 절로 전한다. 체징은 중국에 유학하여 당시 새로운 불교였던 선불교를 도입한 선종 초기의 고승이다. 그는 전라도 장흥의 보림사를 근거지로 삼아 '가지산문 迦智山門'이라는 최대의 선문을 개창한 분이기도 하다. 가지산문은 전라도 지역에만 국한하지 않고 신라 전역의 많은 사찰들이 속하기도 했다. 유명한 소속 사찰만 열거해도 양양 진전사, 청도 운문사, 군위 인각사, 강진 무위사, 울산 석남사 등 거리와 지역에 관계없이 분포했다. 장곡사의 오래된 사적은 전하는 것이 없어서 정확한 연혁은 알 수 없지만, 체징 창건설을 따른다면, 장곡사는 선종의 오랜 전통을 가진 사찰이었고 전국에 분포하는 가지산문의 사찰들과 긴밀한 교류가 있었던 것으로 추정한다.

장곡사에는 두 개의 대웅전이 있다. 이 절은 경사지에 위치하여 언덕 아래에 한 무리의 전각들이 있고, 언덕 위에 또 한 무리가 있어, 마치 두 개의 절이 아래위로 자리 잡은 모습이다. 위아래 절에 하나씩 대웅전의 현판이 걸린 불전이 하나씩 있어서, 편의상 윗 절의 것을 '상대웅전', 아래 것을 '하대웅전'이라 부른다.
　'대웅 大雄'이란 인도의 마하비라 Mahavira를 의역한 말로서, 『법화경』에서 악마의 온갖 방해를 물리친 위대한 영웅인 석가모니 부처를 지칭한다. 중국에서는 비단 석가모니 부처뿐 아니라 어떤 부처를 모시든지 가람의 가장 중심이 되는 전각을 '대웅전'이라 지칭한다. 그러나 한국 가람의 대웅전은 석가모니 부처를 모시는 불전에 붙이는 건물 이름이다. 그렇다면 장곡사에는 두 분의 석가모니 부처를 모셨다는, 그런 모순이 있다는 말일까?
　그러나 실상 상대웅전에 모신 부처님은 비로자나불이고, 하대웅전의 부처는

상대웅전은 높은 언덕 중턱에 독립적으로 앉아 있다.
이 건물은 원래 암자였을까, 아니면 아래 절에 부속된 강당이었을까?
어찌되었든 좌우 옆 칸이 넓고 가운데 칸이 좁은 간살이는
신라 건축의 흔적을, 기둥은 고려 후기의 모습을,
지붕은 조선 말의 시대적 흔적을 간직하고 있다.

약사불이다. 그렇다면 상대웅전은 '대적광전', 하대웅전은 '약사전'이라 불러야 마땅할 것이지만 어찌된 유래인지 장곡사에서는 마치 중국의 쓰임 예와 같이 두 중심 불전을 모두 대웅전이라 통칭하고 있다.

왜 장곡사에는 두 개의 대웅전이 있을까? 또는 두 영역으로 절이 만들어졌을까? 명확한 답을 내놓을 수는 없지만 대략 두 가지 가능성이 있다. 하나는 원래 아래에 본 절이 있었고, 언덕 위에 암자와 같은 다른 절이 있었을 가능성이다. 그러다가 언젠가 하나의 절로 통합되면서 각각 불전의 대등한 위상 때문에 모두 대웅전이라는 이름을 붙였다고 볼 수 있다.

아니면, 신라나 고려 초기의 일반적인 가람의 형식을 따라 세워졌을 가능성이다. 한국의 고대 가람형식은 앞쪽에 금당을, 뒤쪽에 강당을 두었다. 경주 불국사나 황룡사 등 대부분의 유명사찰들이 그랬다. 장곡사와 같이 산지에 위치한 경우에는 평지가 좁기 때문에 경사지 아래에 금당을, 위에 강당을 두는 경우도 있다. 그렇다면 장곡사 상대웅전은 강당건물이, 하대웅전은 금당이 변화된 결과로 볼 수 있다.

보다 중요한 것은 두 대웅전의 건축적 성격이다. 두 건물은 앉아 있는 방향도, 조성된 시대도 다르다. 동남향으로 앉은 상대웅전보물 제162호은 대략 고려 말인 13~14세기 경 만든 건물로 보인다. 반면 하대웅전보물 제181호은 서남향으로 앉았고 조선 중기인 16~17세기의 건물이다.

그러나 상대웅전은 오롯이 고려시대 건물만은 아니다. 초석이나 불전 안 바닥에 깔린 일부 전돌은 신라시대의 것으로 보인다. 기둥에 배흘림이 뚜렷한 모습이나, 기둥 상부에 놓인 공포를 받치는 주두에 굽받침이 있는 모습은 고려시대 건축의 전형적인 솜씨이다. 반면, 지붕틀과 지붕틀을 받치고 있는 공포 부재의 모양은 조선 말기의 것으로 보인다.

위의 상대웅전과 아래 하대웅전은 맞배지붕을 가진 3칸 법당이다.
형식은 동일하지만 그 내용은 너무나 다르다.

정리하면, 이 건물은 신라시대 바닥, 고려시대 몸통, 조선 말의 지붕을 갖고 있다. 비록 규모는 작고 모양은 소박하지만 한 건물에 적어도 1,000년 세월의 건축적 변화를 고스란히 간직하고 있는 것이다.

상대웅전은 전문적인 건축사학적 관점에서 매우 중요한 하나의 연결 고리다. 전통적인 절집, 특히 법당이나 금당은 대부분 '주심포 계통' 또는 '다포 계통'이라는 양대 구조형식 중 하나로 이루어져 왔다. '포包'는 건물 기둥과 지붕틀 사이를 서로 연결하는 복잡한 모양의 복합 부재를 말하며, '공포' 혹은 '포작'이라고도 부른다. 주심포 계통이란 기둥 위에만 포를 올린 건물을 말하며, 다포 계통이란 기둥과 기둥 사이에도 포를 올린 건물을 지칭한다.

하대웅전은 영락없는 다포계 건물로 조선 중기의 시대적 특징을 대표한다. 그러나 상대웅전은 몸통은 주심포계인 반면, 공포와 지붕틀은 다포계인 혼합형 또는 과도형이다. 아마 고려 말 건립했을 당시에는 주심포계 건물이었는데, 후대에 보수하면서 다포계로 바뀌었을 것이다. 지붕틀의 구조형식은 몸통과 유기적으로 관계가 있는데, 이 건물은 몸통과 지붕이 맞지 않아 기둥 중간의 수평부재가 처지는 문제도 있다.

이처럼 혼합된 모습은 결국 각 시대의 소망을 반영한 결과이다. 주심포 형식은 고려시대에 유행했고, 다포 형식은 조선시대 들어서 성행한 구조형식이다. 또한 조선 말에는 상대웅전 공포 장식과 같이 힘이 없고 번잡한 모습이 시대적 현상이었다. 상대웅전은 전체적으로 수덕사 대웅전과 같은 주심포계 모습이지만, 이처럼 세부는 다포계 형식이다.

반면 하대웅전은 조선 중기의 시대적 상황을 담고 있다. 앞뒷면뿐 아니라 옆면까지 다포구조를 두었으나, 전체 모습은 맞배집으로 상대웅전과 비슷한 모습이다. 사방에 다포 부재를 돌렸으면 팔작지붕이 어울리는 형태이고, 맞배지붕

위　　상대웅전의 공포대
아래　하대웅전의 공포대

은 오히려 주심포 구조와 어울리는 형태다. 조선시대의 주류적 구조형식은 다포계이고, 따라서 팔작집이 주도적 형태였다. 그러나 임진왜란의 참화 후 궁벽한 지방에서 겨우 재건한 불전들은 구조는 다포계의 유행을 따랐지만 지붕은 보다 간단한 맞배지붕을 올린 경우도 많다. 팔작지붕보다 건설하기도 간편하고, 건설비도 절약할 수 있었기 때문이다.

두 대웅전의 내부도 차이가 난다. 상대웅전 내부는 어둡고 높고 넓게 느껴진다. 천장을 하지 않고 지붕의 서까래를 그대로 노출시켜서 층고가 높고, 창문이 적어서 어둡고, 내부에는 일체 벽이 없어서 넓다. 또한 바닥은 보통의 마루와는 달리 전돌을 깔아서 내부에도 신을 신고 들어가야 한다. 이러한 특징은 모두 고려시대 주심포 법낭의 특징을 고스란히 간직한 것이다. 특히 바닥에 깔린 전돌 가운데는 8개 꽃잎을 가진 연꽃이 조각된 것도 발견된다. 이는 신라시대 작품으로 추정되며, 이 건물의 오래된 역사를 증명하는 것이다.

반면, 하대웅전 내부는 통상적인 마루를 깔고, 천장은 격자형의 우물 천장을 달았다. 전면 모두와 옆면에도 창호를 달아서 내부는 비교적 밝고 화려하게 느껴진다. 또한 불상 뒤에는 탱화를 걸어서 좁게 느껴진다. 전형적인 조선시대 법당의 실내 분위기다.

상대웅전 안에는 쇠로 만든 두 분의 부처님이 앉아 있다. 한 분은 철조 약사여래좌상 국보 제58호이며, 다른 분은 철조 비로자나불 보물 제174호이다. 두 분 모두 신라 때 작품으로 추정되는 귀중한 유구로 부처님이 앉아 계신, 정교하게 조각

위　상대웅전은 바닥에 전돌을 깔아 신발을 신고 들어가 서서 예불하는 고려시대의 형식을 유지하고 있다.
아래　하대웅전은 마루를 깔아 신발을 벗고 앉아서 예불하는 조선시대의 공간이다.

된 석조대좌 역시 신라 때의 작품이다. 하대웅전 안에도 귀한 부처님이 계시다. 금동약사여래불보물 제337호은 고려 말에 조성된 것으로 밝혀졌다. 고려 건물 안에 신라불상이, 조선 건물 안에 고려불상이 계신 것이다. 한 절에 이처럼 귀한 부처님들이 세 분이나 계신 것도 희귀한 예가 된다.

장곡사에는 또 하나 눈여겨볼 건물이 있다. 하대웅전 옆에 있는 승방건물인 심검당이다. 아마도 하대웅전보다 더 오래된 것 같은 고졸하고 당당한 품격을 보이는 건물이다. 원래는 3칸의 주심포계 건물이었는데, 후대에 한 칸을 증축해 4칸이 되었고, 더 후대에 부엌 부분을 달아 지금은 5칸 건물이 되었다. 이러한 증축현상이야 절집의 필요에 따라 흔히 일어나니까 그다지 주목할 일은 아니다. 그러나 심검당에는 그러한 증축의 과정이 건축적 흔적으로 기록되어 있는 것에 주목해야 한다. 자세히 설명하지 않더라도 목재 부재의 모습을 쳐다보면 이내 알 수 있도록 명확하다.

한국의 오래된 사찰들은 대개 신라시대에 창건하여 고려 때 흥성하고, 조선시대 특히 임진왜란 때 황폐화한 것을 조선 후기에 중창한 역사를 가지고 있다. 정확한 기록은 없지만 장곡사 역시 대략 이 일반사를 따르고 있다. 그러나 장곡사에는 문헌 기록보다 더 정확하고 중요한 기록이 있으니, 바로 건축물 그 자체이다. 상대웅전은 신라의 바닥과 고려의 몸체, 조선 말의 지붕, 하대웅전은 조선 중기의 구조와 형태, 심검당은 조선 초부터 말까지 절집 생활의 변화와 요구를 그대로 나타내고 있다. 장곡사의 건물들은 바로 사찰의 연대기를 기록한 입체적 사적기이며, 시대와 가람의 변화를 구조와 형태로 설명하고 있는 건축적 박물관이다. 장곡사라는 타임머신을 타고 신라부터 현대까지 시간 여행을 하자.

한국에 현존하는 유일한 5층 목탑이며, 내부에 부처의 일생을
8가지 장면으로 그린 팔상도를 모신 법당이다.
이 하나의 목탑을 세우는 데 22년의 세월이 걸렸다.
공사기간이 길다 보니 임진왜란의 영웅 사명대사가 시작하여,
전후 재건의 건축승 벽암대사가 완공했다.
이 복잡한 건설의 역사 속에 전쟁과 건축의 상관관계가 숨어 있다.

보은. 법주사. 팔상전.

전쟁은
어떻게 건축을
바꾸는가

건축의 가장 큰 적은 전쟁이다. 문학이나 미술은 전쟁의 참화 속에서도 폭력적 본능과 원초적인 욕망들을 읽어 내고, 인간과 사회의 근원을 다시 물으며 위대한 작품들을 창조할 수 있다. 군부 파시스트에 대항한 시민들의 참혹한 전쟁이었던 스페인 내전은 헤밍웨이의 『누구를 위하여 종은 울리나』, 피카소의 〈게르니카〉를 탄생시켰다. 그러나 건축은 전쟁 속에서 피어날 수 없다. 오히려 전쟁은 파괴의 시간이며, 건설에 써야 할 모든 돈을 전비로 빨아들이는 블랙홀이기 때문이다.

1592년부터 7년간, 34만의 침략 왜군들과 싸웠던 임신왜란은 한반도 농토의 80%를 황폐화시켰다. 이는 농사가 GNP국민총생산의 대부분이었던 조선의 경제 규모가 20%로 감소했다는 것을 의미한다. 일반 백성들의 굶주림과 고통은 거의 죽음 수준이었다. 더욱 큰 타격을 받은 것은 천여 년 동안 지속하고 발전해 왔던 이 땅의 풍부한 건축문화였다. 현존하는 목조 건축물의 99.9%가 임진왜란 후에 지어진 것이라는 사실은 이 전쟁 중에 한반도의 거의 모든 건축물이 불타 없어졌다는 증거이다. 사찰들 역시 마찬가지로 거의 대부분 왜란의 피해를 입었고, 봉정사나 수덕사 등 열 손가락으로 꼽을 정도만이 참화를 피할 수 있었다. 중세의 전쟁이란 퇴각 시에 초토화 작전을 펼쳤기 때문에 도시나 읍내에 있는 건물들이 피해를 입는 것은 이해할 수 있지만 깊은 산속에 있던 사찰이나 암자들까지 초토화한 것은 무슨 까닭일까?

일본의 일방적 침략으로 시작된 임진왜란은 객관적 전력으로만 평가한다면 아예 상대가 되지 않는 전쟁이었다. 당시 조선의 인구는 많아야 500만, 일본은 3,200만이었다. 조선은 건국 후 200년 동안 전쟁이 없어 평화 체제에 안주했지만, 일본은 이른바 전국시대를 겪으며 온 나라가 내전을 치른 군사대국이었다. 임진년 1차로 조선반도에 상륙한 왜군만 15만으로 추산되는데, 당시 조선의 정규군은 2만을 넘지 못했다. 게다가 왜군은 8만정의 조총으로 무장했고, 조선군은 칼과 활뿐인 전력이었다. 8만정의 조총이란 당시 유럽 전체가 보유한 화력과 같은 규모였다. 그럼에도 불구하고 일본은 7년간이나 전쟁을 끌었고, 끝내 조선을 정복하지 못했다.

이처럼 열악한 환경 속에서도 임진왜란을 극복할 수 있었던 원인을 3가지 정도로 꼽을 수 있다. 명나라 군대의 참전과 의승병의 활약, 그리고 수군들의 압도적 전공. 명군의 참전으로 말미암아 임진왜란은 동아시아 전체의 국제 대전으로 성격이 바뀌어 일본의 전의를 무디게 만들었고, 이순신을 중심으로 한 조선 수군의 연이은 승리 덕분에 일본의 보급로를 끊어 전투력을 무력화시킬 수 있었다.

    전쟁 초기 신립의 2만 군사가 충주 탄금대에서 전멸을 당한 후, 조선에는 조직된 군사 집단이 없었다. 물론 지방 곳곳에서 창의한 의병들이 있었지만 그 수효는 수십에서 많아야 수백의 개별적인 게릴라 부대였다. 그러나 의승병들은 달랐다. 단위 사찰과 산을 중심으로 전국적인 조직이었으며, 그 수가 수만에 달했다. 이들이 적극적으로 참전한 최초의 전투인 평양성 전투에서 거둔 승리는 전세를 역전시킨 결정적 전환점이었다. 이어 벽제관 전투를 승리로 이끌고 노원평 전투로 한양탈환에 성공한 것 역시 승병들의 공로였다. 그 선봉에 서서 의승병을 이끈 이는 그 유명한 사명대사 四溟, 1544~1610였다.

법주사는 미륵신앙의 도량이다.
원래 주불전은 현재 미륵불 자리에 있었던
3층의 미륵전이었다.
고려시대에 현재의 대웅보전 영역으로 확장하면서
그 교차점에 5층 목탑을 세웠다.
당시의 팔상전은 옛 가람과 새 가람을
건축적으로 통합하는 중심 목탑이었다.

명군과 의승병의 참전으로 왜군은 한반도 남쪽으로 밀려났고, 왜군과 명군 사이에 비밀 협상을 진행하게 된다. 한반도를 남북으로 분할하여 경기 이하 4개 도는 왜군이, 강원 이북 4개도는 명군이 분할 점령하는 협상안을 잠정 합의한 것이다. 이 비밀스러운 거래를 분쇄한 이도 바로 사명대사다. 울산 서생포 왜성에서 협상을 진행하던 왜군을 사명의 승병들이 포위하고, 4차례나 적진에 들어가 왜장을 압박하여 무조건 휴전을 끌어냈던 것이다. 이에 당시 임금인 선조는 환속하면 조선군 전체의 통솔권을 주겠다고 제안했지만, 당연히 사명은 거절했다. 비록 명목상의 지위는 없었지만 승려의 신분으로 이미 총사령관의 역할을 하고 있었다. 정유재란 때에도 울산과 순천 전투에서 전공을 세웠고, 종전 직후에는 강화회담 대표로서 일본에 건너가 협상을 벌인 외교관이기도 했다.

임진왜란 최고의 영웅으로 3명을 꼽으라면 전시 수상이었던 서애 류성룡, 충무공 이순신, 그리고 사명대사 유정을 들 것이다. 특히 사명대사는 일본에 건너가 활약한 내용이 설화화 되어 민간에 널리 유포될 정도로 인기가 높았다. 그러나 사명대사의 근본은 불법을 수호하고 심신을 수행하는 승려였다. 전쟁 중에도 충주 숭선사를 재건하는 공사의 총감독을 맡았고, 제천 신륵사 법당을 재건하기도 했다.

속리산 법주사에서 가장 유명한 건물은 팔상전이다. 석가모니 부처의 일대기를 8개의 중요한 장면으로 묘사한 〈팔상도〉를 봉안한 건물이지만 건물의 형식으로는 5층 목탑이다. 신라나 고려 때 이미 세워져 사찰의 중심을 형성한 목탑이었지만 1597년 정유재란으로 전소되었다. 전후에 복원사업이 진행되어 지금의 모습을 갖추게 되었다. 과거 한반도에 많은 목탑들이 세워졌지만 임진왜란 이후에 복원된 것은 이 팔상전과 3층 목탑인 쌍봉사 대웅전 밖에 없었다. 그나마 지금의 쌍봉사 대웅전은 1984년 또 불에 탄 것을 다시 재건한 것이기에 온전히 남아 있는 조선시대 목탑은 법주사 팔상전밖에 없다.

팔상전은 고대 목탑과 형태와 구조법이 달라 여러 가지 논쟁을 불러왔다.
고층 목탑이지만 너무 안정적이고 완만한 형태를 가져
목탑 특유의 수직성이 약하다. 또한 5칸의 1층부터 1칸의 5층까지
매 층마다 1칸씩 줄여 가는 안정된 구조법을 택했다.
이 역시 고대 목탑의 구성과는 다른 형식이기 때문이다.

팔상전 재건 사업은 전쟁 직후인 1605년에 시작했고, 공사 총지휘자는 바로 사명대사 유정이었다. 당시 사명대사는 강화회담의 조선 대표로서 일본에 건너가 당시 지도자였던 도쿠가와 이에야스와 협상을 벌여, 포로 3,000명과 함께 귀환하는 쾌거를 이루기도 했다. 생존하는 임진왜란의 영웅으로서, 외교적 성과까지 이룬 사명당의 인기는 하늘을 찔렀고 가히 '국민스님'이라 할 수 있었다. 그 인기를 바탕으로 집중한 사업이 바로 법주사 팔상전 재건 사업이었다. 법주사는 사명당과 개인적인 인연이 없는 곳이다. 오히려 고향인 밀양의 표충사, 출가지인 김천 직지사, 오랜 주석지인 금강산 유점사, 입적지인 합천 해인사가 인연이 깊은 곳이었다.

사명대사는 팔공산성을 필두로 금오산성, 이숭산성, 악견산성 등 수많은 산성을 수축하는 데 심혈을 기울였다. 전쟁 중, 그리고 전쟁 직후의 절박한 상황에서 총사령관인 사명에게 종교보다 국방이 우선인 것은 당연했다. 그럼에도 불구하고 법주사 재건에 앞장선 까닭은 이 건물이 갖는 건축적 종교적 상징성이 그만큼 높았기 때문이 아니었을까? 재건을 시작한 1605년은 일본에서 돌아와 회담 성과를 조정에 보고하고, 스승 서산대사의 입적지인 묘향산 보현사에 가 영전에 고하는 등 바쁜 일정을 소화하던 시기이다.

1968년 기울어진 팔상전을 대대적으로 해체하여 수리했는데 당시 중심 고주의 초석 아래에서 사리장엄구와 함께 5매의 청동판이 출토되었다. 이 판에는 "(정유재란 때)왜인에 의해 전소되었고, 을사년 1605년 높은 기둥을 세우고 팔상전을 중창했으며, 그 책임자는 조선국 승병대장 유정비구"라고 새겨져 사명대사 연관설을 뒷받침하고 있다. 그런데 팔상전의 완공 시기는 그로부터 22년 후인 1626년이고, 그 담당자도 사명이 아닌 벽암대사였다. 사명대사는 1610년 입적했으니 당연히 완공자는 다른 사람일 수밖에 없었다.

팔도대총섭에 임명되고 당시 불교의 실질적 지도자였던 벽암은 화엄사 중창을 필두로 법주사, 쌍계사 등 굵직한 사찰들의 전후 재건 사업을 주도했고, 무주 적성산성 사고를 중창하고 남한산성 수축을 지휘하는 등 국가적 건설도 담당하여, 불교계뿐 아니라 일반 정계에서도 핵심 인물로 부상하였다. 이처럼 팔상전 재건은 두 세대에 걸쳐 불교계 최고의 지도자였던 사명이 시작하고 벽암이 완성했다. 그것도 22년의 긴 세월이 걸렸다. 5층 목탑인 팔상전이 꽤 까다로운 공법과 구조법이 필요한 건물이었지만 그렇다고 22년의 공기가 필요할 만큼 대공사는 아니었다. 많은 공력이 필요했지만 목조 건축의 특성상 2~3년이면 충분히 완성할 수 있는 건물이다.

그럼에도 이처럼 긴 세월이 걸린 이유는 전후의 경제적 사회적 여건이 열악했다는 것을 의미한다. 정치적 역량까지 갖춘 당대 최고의 사명이나 벽암이 앞장서도 22년이 걸릴 만큼 돈도 없었고 사회적 명분도 약했다. 법주사의 승려들은 팔상전 재건이야말로 잿더미로 변한 가람의 중흥을 시작하는 계기로 여겼을 것이고, 정치력을 발휘하여 그 바쁜 사명대사를 초청하여 성대한 기공을 가졌을 것이다. 전후 민생복구도 어려운 상황에서 사명을 등에 업지 않고는 국가적 지원이나 민간의 관심을 끌 수 없었다. 기공식은 성공했고, 사명은 묘향산으로 떠났고 후에는 해인사 홍제암에 머물다 입적하여 법주사와 인연이 끊어졌다.

사명 없는 법주사는 조정의 지원도, 세상의 관심도 끌 수 없었기에 팔상전 재건 사업은 보류되어 방치되었을 것이다. 세월이 지나 전후 복구 사업이 한숨 돌릴 여유가 생겼지만 여전히 법주사의 노력만으로는 팔상전 재건을 진행할 수 없었다. 그래서 당대 불교계의 수장인 벽암에게 간청하여 물적 인적 지원을 받아 기공 22년 만에 겨우 완성한 것으로 해석할 수밖에 없다.

이처럼 공사의 공백이 생기고 긴 세월이 걸리면 모든 것이 처음과는 달라질 수밖에 없다. 설계자도 공사자도, 심지어는 건축주도 바뀌기 때문이다. 건설 주체가 사명에서 벽암으로 바뀌었다는 건, 세대가 달라졌고 건설 의도도 심미적 안목도 달라졌다는 걸 의미한다.

법주사는 원래 미륵신앙을 주로 하는 유가종 혹은 법상종 계열의 중심 사찰이었다. 신라 때만해도 현재 대형 미륵불상이 있는 곳에 3층의 주불전을 지었고, 그 안에 미륵입상을 봉안했다고 전한다. 현재는 남쪽으로 난 천왕문을 거쳐 가람에 들어오게 되었지만 당시에는 동쪽으로 진입했을 가능성이 높다. 고려 문종1019~1083년의 다섯째 왕자였던 도생 승통이 이 절의 주지를 지내면서 법주사는 크게 확장된다. 미륵전을 중심으로 한 기존 동서축을 유지하면서, 새로이 북쪽에 대웅보전을 짓고 남북축을 확장한다. 기존의 동서가람과 새로운 남북가람의 교차점에 5층 목탑을 세워 두 가람축의 통합적 중심 역할을 하도록 했다. 그것이 바로 팔상전이다.

팔상전은 법주사 가람의 중심전각일 뿐 아니라, 유명한 목탑으로서 불교계 전체의 건축적 상징이었을 것이다. 그만큼 팔상전 재건은 중요한 의미를 갖는 사건이었기에 국가대사로 그 바쁜 중에도 사명이 주도할 수밖에 없었다. 그러나 벽암 때에 오면 팔상전의 의미는 조금 달라진다. 화엄사나 쌍계사와 같이 전국 각지에 재건해야 할 중요한 사찰들이 산적하여 팔상전 재건의 중요성은 희석될 수밖에 없었다. 그러나 사명이 시작한 상징성은 여전하였고 방치된 공사 현장은 위험한 흉물이어서 우선적 지원대상이 되었을 것이다. 자발적 상징물로 시작하여 어쩔 수 없이 완수해야 할 의무가 되었다고 할까.

이 미묘한 차이는 팔상전의 구조와 형태까지 변하게 하였다. 이 목탑은 중심부에 고주를 세우고 각 층을 여기에 연결한 이른바 '통층식' 구조법으로 이루어졌다. 사리장엄구의 기록대로 중심부에 높은 고주들을 세워 목탑의 구조적 핵심을 마련한다. 기단의 초석에서 지붕 꼭대기까지 이르는 중심 '심주'를 세우고, 그 주변 사방에 이른바 '사천주'를 세워 이 다섯 개의 고주들을 수평으로 촘촘히 연결한다. 이리하여 마치 고층건물의 엘리베이터 타워와 같이 단단한 구조체를 만들고, 그 바깥으로 각층의 기둥들을 세워 그 각각을 사천주들에 연결함으로써 전체를 완성하게 된다. 이리하면 목탑 특유의 수직적인 높이

팔상전 내부. 가운데 4개의 기둥을 묶어서
하나의 상자형 구조체로 만들었다.
그리고 모든 기둥을 이 복합 구조체에 연결하여
구조적 안정성을 꾀했다.

에 각층의 처마가 길게 빠져나온 날씬한 형태를 갖는다. 불타기 전의 팔상전의 구조와 형태도 이러했을 것이고, 1층부터 5층까지 약간씩 규모가 줄어든 3칸 규모였을 것이다.

그러나 재건된 팔상전은 전혀 다른 모습이다. 1층은 사방 5칸이고, 3층은 사방 3칸, 5층은 사방 1칸이다. 그 사이 2층과 4층은 아래층에서 양 모퉁이를 반 칸씩 줄였다. 다시 말해서 1층부터 모퉁이 반 칸씩 순차적으로 줄여 결국 5→4→3→2→1칸 규모로 만든 매우 단순한 구조이다. 이 구조법은 일단 중심부 구조를 5층까지 세운 후에, 여유가 있을 때마다 4층, 3층, 2층, 1층을 바깥으로 붙여 나갈 수 있는 공법이다. 원래 모습으로 추정하는 팔상전은 거의 동시에 모든 층을 완성해야 하는 공법이기에 이처럼 20여 년이 소요되는 간헐적 공사에 부적합한 방법이다.

이처럼 편의적 공법을 채용했기 때문에 목탑의 모습에도 큰 변화가 생겼다. 1층부터 5층까지 동일한 3칸의 구성이라면 거의 수직에 가까운 형태를 갖지만, 법주사 팔상전은 아래가 두껍고 위가 좁은 피라미드 모양의 형태를 갖는다. 기존 목탑의 기단 위에 이런 형태를 올리다 보니 1층 외벽 기둥들은 원래 초석의 위치가 아닌 기단 끝에 걸리게 되었다. 각층의 구조도 일관성을 갖지 못하게 되어 자세히 살펴보면 1층과 2~4층, 그리고 5층의 구조법이 서로 다르

건설에 오랜 시간이 소요된 까닭인지, 각 층의 세부적인 형태도 달라졌다.
아래서부터 1층, 3층, 5층 공포부

다. 1층부터 4층까지는 주심포 구조이지만 1층 공포 모습은 익공계에 가깝고, 2~4층은 다포계에 가까운 모습이다. 반면 5층은 완벽한 다포계 구조이다. 목공의 솜씨로만 본다면 사명 당시에 5층을 완성하고, 그 후 언젠가 10여 년이 지난 후에 2, 3, 4층을 마무리하고, 그리고 최후에 벽암 때 1층을 완성한 것으로 추정할 수 있다.

전쟁은 그전의 건축들을 파괴하는 원흉일 뿐 아니라, 전후 일정 기간의 공백기를 가져 기술적 맥을 끊어 버리는 질곡이기도 하다. 또한 전전 세대와 전후 세대는 문화적 경제적 가치관이 서로 달라 새로운 문화로 바뀌는 전환점이기도 하다. 그 전환이 창조적일 때 그 사회의 문화는 발전하지만 아쉽게도 전후의 급박한 상황은 퇴행적이기 쉽다. 법주사 팔상전의 묘한 형태와 공법은 임진왜란의 참화 속에 나타난 시대적 증거이다. 그나마 사명과 벽암이라는 두 거물을 내세워 최선을 다한 한계일 것이다.

선운사의 건물들은 모두 맞배지붕으로 통일된 모습을 갖추었다.
나지막한 뒷산과 평편한 대지의 수평성을 극대화시키려 한
건축적 의도였을 것이다.
대웅보전 앞의 만세루는 이름만 누각일 뿐,
단층으로 대지에 밀착한 건물이다.
누각마저 수평적 건축이 되었다.

고창·선운사와·참당암

장애는
무애다

한국은 집을 짓기에 참으로 장애가 많은 땅이다. 우선 봄, 여름, 가을, 겨울 사계가 뚜렷해 섭씨 40도가 넘는 열대가 있는가 하면, 영하 20도의 혹한도 있어 연교차가 60도에 이른다. 건축물은 여름에는 시원하고, 동시에 겨울에는 따뜻하게 지어야 한다. 비가 새도 안 되고 눈이 쌓여도 안 된다. 얼마나 모순된 요구들인가? 동남아 건축들은 무조건 시원하게만 지으면 되고, 북구의 건축은 따뜻하게만 하면 된다.

산지가 70%가 넘는 지형적 조건도 큰 장애다. 도무지 평지에 네모반듯한 땅을 찾을 수 없다. 특히 절집들은 흔히 경사지에 지어야 했고, 건축이 가능한 평지를 만들기 위해 막대한 불량을 투입해서 축대들을 쌓아야 했다.

재료는 또 어떤가? 한반도를 뒤덮고 있는 화강암은 단단해서 가공하기가 무척 어렵다. 인도 사암과 같이 부드러운 돌이라면 파고 들어가 석굴을 만들기도 쉽고, 아름다운 조각상들을 새겨 화려한 건물도 만들 수 있다. 그러나 화강암은 파고 들어가기도 어렵고 조금만 파내면 무너지기 일쑤인데다 입자가 굵어서 섬세한 조각을 하기도 어렵다. 전통 목구조의 주재료인 소나무도 다루기가 쉽지 않다. 휘어져 자란 소나무를 잘라 목재로 쓰면 살았을 때의 성질대로 휘어지고 비틀어진다. 균열도 잘 생기고 벌레도 먹는다.

한국의 건축은 이러한 기후와 지형의 불리함, 재료의 어려움을 극복하고 이룩한 현명한 대안이었다. 장애의 조건이 다른 만큼 이웃 중국이나 일본 건축과 뚜렷하게 차별되는 까닭이기도 하다. 적절히 휘어진 처마선이나 민흘림 된 기둥들이 변형되기 쉬운 한국 소나무의 성질을 잘 극복한 기법이라면, 불국사 석가탑과 같이 추상적이고 미니멀한 석탑의 조형은 세부 가공성보다 전체적인 중량감이 뛰어난 한국 화강암의 성질을 잘 활용한 창작품이다. 가파른 경사 지형과 유기적 일체를 이룬 영주 부석사의 석축들은 산지가 많은 한국적 지형을 오히려 장점으로 승화시킨 성취였다. 추위와 더위를 동시에 해결하기 위해 온돌과 마루를 한 집안에 들여, 세계에서 유일하게 두 계절을 극복한 집이 한옥이다.

문제가 좋아야 해답도 좋듯이 장애가 있어야 독창적인 해법도 나타날 수 있다. 까다로운 조건이 많을수록 오히려 건축적 풀이는 즐거워진다. 흔히 평지에 네모반듯한 대지, 주변에 아무런 건물이나 장애요소가 없는 대지를 좋은 땅으로 생각하기 쉽지만 이러한 땅은 어떤 건축을 해도 해답을 알 수 없는 어려운 땅이다. 마치 백지 수표에 얼마를 써야 할지 모르는 것과 같이 도무지 감을 잡기 어려운 땅이다. 건축에 장애란 없다. 단지 풀어야 할 즐거운 과제가 있을 뿐이다.

고창 땅에 있는 도솔산 선운사禪雲寺는 창건 때부터 온갖 장애를 극복하면서 경영해 온 사찰이다. 백제 위덕왕 때인 577년 검단선사가 창건했다는 전설적 창건 연기가 전해 온다. 당시 도솔산 아래는 바다에 접한 궁벽한 곳이었고, 이곳에 큰 늪지가 자리 잡아 인근 마을에는 늘 눈병과 같은 풍토병이 만연했다. 홀연히 나타난 검단은 이 늪지에 큰 돌들을 부어 늪을 메우기 시작했고, 마을 사람들에게 숯을 굽게 하여 늪에 한 가마씩 갖다 버리라 했다. 그런 과정에서 숯의 정화작용으로 주민들의 눈병이 치료되었고, 늪도 땅으로 바뀌어 그 자리에 선운사를 창건했다. 이전의 늪은 쓸모없는 곳으로 온갖 나쁜 병의 진원지에 불과했지만 땅도 얻고 병도 고치는 검단 스님의 뛰어난 다목적 건설 사업으로 축복의 땅이 되었다.

또한 바닷가는 소금 땅이어서 농사도 어렵고, 해안은 온통 갯벌이어서 배를 띄워 어업을 하기도 어려웠다. 마을의 남정네들은 생계를 위해 어쩔 수 없이 도적질로 연명했는데, 검단은 이들에게 소금 굽는 법을 가르쳐 소득을 올리게 하고 불법으로 교화시켰다. 검단에게 갯벌과 소금 땅은 더 이상 장애물이 아니라 부가가치 높은 염전을 만들 수 있는 기회의 땅이었다.

물론 선운사 창건과 관련된 설화들은 사실이 아닐 수도 있다. 검단선사라는 명칭도 그렇다. 선종은 중국에서도 한참 후대인 8세기 초에 성립한 불교이니, 6세기 승려인 검단이 선사일 리가 없다. 검단이 실존 인물이었는지, 정말 그가 토목과 의료와 염전 산업에 정통한 만능인이었는지 알 수도 없다. 그러나 검단의 설화는 우리에게 세상에 극복하지 못하는 장애는 없다는 진실을 전한다. 설화는 사실이 아닐지 모르지만 진실임에 틀림없다.

한반도의 유서 깊은 사찰들이 그러하듯 선운사도 1,500년이 넘는 세월 속에서 숱하게 부서지고 다시 세우는 중창의 역사를 겪어 왔다. 조선 초인 1474년에도 대대적 중창이 있었고, 임진왜란으로 황폐화된 것을 1613년 중창했다. 도솔산 일대에는 선운사 말고도 참당암, 도솔암 등 소속 암자들이 산재하는데 이들도 대략 그쯤해서 중창된 것들이다.

임진왜란은 한반도 모든 사찰들에 극복하기 어려운 시대적 장애였다. 거의 모든 사찰들이 불타 없어지고 전후의 각박한 사정으로 최소한 규모라도 복구하면 다행이었다. 전쟁 전의 단아하고 세련되었던 형태와 기법들을 되살리지 못한 채, 거칠고 편의적인 모습으로 재건되었다. 먹고 살기에도 힘겨웠던 당시에 불교 사찰을 재건한다는 것은 웬만한 불심 아니면 불요불급한 일이었다. 재건의 큰 뜻을 세웠더라도 당시의 재정적 어려움과 기술적 빈곤 때문에 겨우 임시 건물을 세우듯 할 수밖에 없었다.

선운사의 건축도 전쟁의 참화를 피해 갈 수 없었고, 재건 사업도 여러 어려움을 겪었다. 전쟁 전의 전성기에는 산내 암자만도 89개소였고, 모두 189동의 전각들이 있었다고 하지만 전후에 재건된 것은 14개소의 암자를 넘지 못했고, 건물도 20여 동에 못 미쳤다.

선운사의 경우 그래도 주불전인 대웅보전은 어느 정도 규모와 격식을 갖추어 재건했다. 그러나 또 다른 중심 전각인 영산전의 경우는 축소 재건의 전형적인 사례였다. 원래는 16척의 큰 불상을 모셨던 중층 건물인 장육전이었다. 전후 재건 시에 기존의 초석을 그대로 사용해서 정면 5칸, 측면 3칸의 평면적 규모는 변함이 없었지만 문제는 높이였다. 중층 건물을 세울 경우, 공사비는 단층에 비해 60% 정도 더 들고 공법도 까다로웠다. 한 푼의 공사비도 아껴야했던 것이 당시 상황이었기에 단층으로 재건하고 말았다.

선운사 영산전만 그런 것은 아니다. 고려시대부터 조선 전기까지 전국의 수많은 사찰들에 중층 전각이 있었다. 그러나 임진왜란으로 다 불탄 후에 중층으로 재건된 것은 법주사 대웅전 등 4개소에 불과하다. 그나마 화엄사 각황전과 마곡사 대웅전은 18세기와 19세기에 세워진 것이다. 나머지는 단층 전각으로 재건되었거나, 아예 재건되지 못한 채 폐허로 남게 되었다.

선운사 영산전은 정면 5칸, 측면 3칸의 단층 건물이다. 지붕은 옆에서 '人'자로 보이는 맞배지붕이다. 측면에서 보면 앞뒤 벽면에는 보통 높이의 평주를, 중간에는 두 개의 높은 고주를 세웠다. 이 한 쌍의 고주는 내부에도 모두 세웠다. 보통 단층 전각에는 내부 고주, 특히 앞쪽의 고주는 생략하는 것이 일반적이다. 내부에 기둥이 서게 되면 예불공간을 쪼개는 피해를 가져오기 때문이다. 그럼에도 불구하고, 선운사 영산전 내부에는 고주들이 생략 없이 모두 서 있다. 불전의 내부가 기둥으로 꽉 찬 느낌이고, 불상들은 상대적으로 위축되어 보인다. 이 고주들은 중층 전각의 흔적이다. 이 고주들이 이층까지 높게 서고, 그 중간

위　선운사의 으뜸 불전인 대웅보전
아래　선운사의 버금 불전인 영산전

선운사 만세루 정면과 내부.
어떤 격식이나 양식에 구애됨이 없이
자유로운 기운으로 가득하다.
정형적인 부재들을 구하기 어려우니
아예 격식과 양식의 틀을 벗어 버린 것이다.
빈곤한 상황의 장애 요인을 오히려 자유와
창의의 원동력으로 삼았다.
화엄에서 말하는 사사무애법계가
이런 것일까? 장애에서 출발했지만
결국 무애의 세계에
도달했기 때문이다.

에 1층 지붕틀을 걸면 중층 건물이 된다. 아마도 영산전을 재건하던 1614년에는 형편상 임시로 단층 건물을 만든다고 생각했을 것이다. 따라서 내부의 고주들을 그대로 두고 머지않은 장래에 곧 중층 건물로 다시 재건하리라 다짐했을 것이다. 그러나 영산전은 단층인 채로 현재까지 남아 있다. 임시가 영원이 된 것이다.

불전들은 불보살들이 계시는 신성한 곳이기 때문에 그나마 최소한의 격식을 갖추어야 했다. 그러나 인간들이 사용하는 다른 전각들은 형편이 더 심했다. 선운사에서는 강당인 만세루가 대표적인 사례이다. 만세루라는 명칭대로라면 이 건물은 바닥이 지상에서 떠 있는 누각 건물이어야 한다. 그러나 선운사 만세루는 정면 9칸, 측면 2칸의 단층 건물이다. 이 역시 편의적으로 축소하여 재건한 결과일 것이다. 2층 건물을 단층으로 축소한 예는 드물지 않게 볼 수 있다. 그러나 선운사 만세루의 내부 뼈대를 이루는 구조법은 예상을 넘어선 파격, 그 자체이다.

뭐 하나 격식대로 만들어진 부분이 없었다. 대들보와 서까래는 직선 부재가 없을 정도로 구불거리고 휘어져 있다. 소나무로 이렇게 휘어진 서까래를 구하기도 어려울 정도다. 기둥들마저 일정하지 않으며 심지어 2개로 이어 붙인 기둥도 있다. 대들보들은 전혀 치목을 하지 않은 원목들을 껍질만 벗긴 상태로 사용했다. 심지어 'Y'자형 가지가 그대로 남아 있는 부재도 보로 사용했다. 이음법도 제멋대로다. 얇은 기둥머리에 두꺼운 보를 결구해서 위태로워 보일 정도다. 그러나 이음부에는 생뚱맞게 용의 몸통과 머리를 새기고 색칠까지 해서 장식하고 있다.

만세루는 어떤 격식이나, 양식에 구애됨이 없이 자유로운 기운으로 가득하다. 정형적인 부재들 구할 수 없으니 아예 격식과 양식의 틀을 벗어 버린 것이다. 빈곤한 상황의 장애요인을 오히려 자유롭고 창의적인 원동력으로 삼았다.

화엄학은 4개의 법계론을 설파한다. 우선 현상 세계는 개개의 사물이나 사건으로 이루어진 사법계와 보편적인 진리의 세계인 이법계로 이루어진다. 좀 더 깨우친 세계는 개체와 전체, 개별과 보편 사이에 장애가 없는 이사무애법계이다. 최종적으로는 모든 개체 사이에 장애가 없는 사사무애법계이다. 선운사 만세루의 내부에 앉으면 '이런 곳이 바로 사사무애법계가 아닌가?'라는 생각을 하게 된다. 모든 자유로운 개체들이 제각기 만들어진 것 같지만 그들은 서로 장애가 없고, 하나의 전체적 조화를 달성하고 있다. 장애에서 출발했지만 결국 무애의 세계를 만들었다.

선운사에서 도솔산 계곡으로 깊이 들어가면 참당암이 숨어 있다. 원래는 '대참사'라는 이름의 꽤 규모가 있는 독립 사찰이었다. 역시 임진왜란으로 불탄 것을 1614년 중창한 것으로 전한다. 중창 시에 온전한 가람의 모습을 갖추지 못하고 대웅전과 약사전, 그리고 명부전과 응진전 정도만 재건하게 되었다. 전체 가람의 구성은 짜임새가 없지만 각 전각들은 예사롭지 않은 독창적인 개념들로 가치가 높다.

참당암 대웅전은 고려시대와 조선시대의 기법들이 혼용된 건물이다. 전면은 전형적인 조선 후기 다포집의 모습이며, 부재들의 가공 솜씨도 18세기의 모습이다. 후면 공포의 기법을 주목할 필요가 있다. 지붕틀을 받치며, 그 하중을 기둥으로 전달하는 복잡한 부재들이 공포인데, 하나의 공포는 수십 개의 작은 부재들을 정교하게 조합한 것이다. 이 가운데 사각형 사발모양으로 가공한 부재가 주두이고, 그를 축소한 것이 소로이다. 후면 공포의 주두와 소로들은 아랫부분에 띠를 가지고 있는데 이를 '굽받침'이라 부른다. 굽받침 주두와 소로는 대개 고려시대의 기법으로 알려져 있다. 부석사 무량수전이나 수덕사 대웅전에 남아 있으며, 조선시대 건물에는 발견되지 않는 부재이다. 이 건물은 임진왜란의 참화에도 살아남았던 모양이고, 후대 중창 시에 쓸 만한 공포 부재들을 남

위　참당암 대웅전. 우측의 건물은 응진전과 명부전이 복합된 연립불전. 대웅전의 정면은 조선시대의 부재로, 후면은 고려시대의 부재로 만들어졌다.
아래　대웅전 뒷면의 공포대. 사각그릇 모양의 소로들은 이른바 굽받침이 달려 있어, 이전 고려 때 대웅전의 부재를 재활용한 것이다.

고려 사원에서 조선 절집으로　109

겨 두었다가 모아서 후면에 사용한 것으로 추정한다. 그 결과 앞은 조선, 뒤는 고려라는 시대적 변화를 고스란히 간직한 유일한 건물이 되었다.

참당암 약사전은 지장보살을 모시고 있으니 실제로는 지장전이라 해야 할 것이다. 이 건물은 정면 3칸, 측면 2칸의 칸살이를 갖지만 주칸을 약간 크게 잡는다면 1칸×1칸으로 해도 될 정도로 작은 규모이다. 이전 건물에 있던 기둥들을 재사용한 듯 건물 규모에 맞지 않게 크고 촘촘히 세워졌다. 아마도 이전 건물은 정식의 3칸×2칸으로 지금보다 훨씬 더 큰 규모였을 것이다. 규모는 작아져도 칸 수는 그대로 유지하려는 의도로 읽힌다.

명부전과 응진전은 더 기발하다. 이 두 전각은 하나의 건물로 통합되어 있다. 총 6칸의 건물이지만, 각 3칸씩 나누어 명부전과 응진전으로 사용하고 있다. 원래는 독립된 2개의 전각이었으나 중창하면서 하나의 연립 전각으로 합쳐 놓은 것이다. 비록 하나의 건물이지만 두 부분은 칸살의 규모도 다르다. 명부전 쪽이 응진전보다 넓다. 또 두 부분의 가운데 칸이 양옆 칸보다 넓어 나름 칸살이의 격식은 갖추고 있다. 이 건물의 기둥들은 전체 규모에 비해 우람할 정도로 커서 전통적인 비례에 구애받지 않는다. 이 역시 기존 건물에 썼던 기둥들을 잘라서 재사용한 것으로 보인다.

참당암의 건축적 정신은 더욱 자유롭다. 대웅전은 고려와 조선이라는 시간의 차이를 전혀 장애라고 생각지 않았다. 하나의 부재도 버리지 않으려는 검약 정신의 결과이겠지만 오히려 시간을 축적하고 역사를 남겨 두는 고차원적인 건물이 되었다. 약사전은 비록 규모는 줄더라도 칸 수를 지키려는 노력을 통해 과거의 흔적을 간직하려 했다. 그 과정에서 부재 크기의 부조화는 문제 삼지 않았다. 명부전과 응진전은 유래 없는 연립 불전이며, 기둥의 굵기가 너무 커서 과장스럽게 보일 정도다. 이 역시 재정적 결핍이라는 장애 요인이 있었으나, 전혀

위　　참당암 약사전. 아주 작은 법당임에도 불구하고 3칸 다포집으로 만들었다. 아마도 중창 이전에 있었던 정식의 3칸 법당의 격식을 따르려 한 의도일 것이다.
아래　　응진전+명부전. 6칸 건물이지만 좌측 3칸은 응진전, 우측 3칸은 명부전으로 사용한다. 응진전의 기둥 간격은 명부전보다 좁아, 법당의 성격에 맞추어 자유롭게 계획했다.

위 참당암 명부전 내부. 최소의 공간이지만 지장보살과 명부시왕을 모신 격식을 갖추었다.
아래 참당암 응진전 내부. 좁은 법당에 500나한을 모시려 한 열망으로 가득하다.

개의치 않고 연립 불전이라는 기발한 아이디어로 통쾌하게 극복하고 있다.

석가모니 부처가 출가하기 전의 에피소드이다. 아직 태자의 신분이었던 싯달타는 성을 떠나 자주 숲에 머물면서 명상을 하곤 했다. 태자의 부모와 부인은 그가 영영 출가할까봐 늘 불안했고, 그를 성안에 잡아 둘 끈이 필요했다. 드디어 태자비는 아기를 잉태하게 되었고 아들을 출산했다. 이 소식을 숲 속에 있는 싯달타에게 알리면, 가장과 태자로서 책임감을 느끼고 성으로 돌아오리라 기대했다. 사신이 달려가 태자에게 득남 소식을 전했지만 태자는 절규하듯이 말했다. "오, 라훌라!" 라훌라는 '장애물'이라는 뜻이다. 출가하고 수행에 몰두하는 데 장애가 된다는 뜻이었으리라. 라훌라는 아들의 이름이 되었다. 장성하여 부친이며 부처가 된 석가모니에 귀의해서 부처의 10대 제자가 되었다. 부처에게 라훌라는 장애물이 아니라 불법 전파의 소중한 후계자가 되었다.

   장애가 없으면 무애의 세계로 들어갈 수 없다. 제약이 없으면 자유도 없고 독창성도 없다. 선운사와 참당암의 건물들은 숱한 장애 속에서 지어졌지만 거리낌 없는 호쾌한 건축을 이루었다. 위대한 건축은 장애를 극복하고 문제를 푸는 과정에서 탄생한다. 선운사와 참당암의 거칠고 자유로운 건축들은 그래서 위대하다.

법왕문

흥국사 가람 배치의 특징은 누각과 법당 사이 마당 중앙에 놓인 법왕문의 존재이다.
보통 사찰에는 없는 건물이며 현재는 특별한 기능이 없다.
그러나 법왕문은 흥국사 중창의 근거이고,
전쟁의 참화를 극복하려 했던 역사적 건물이며,
바다와 육지에 떠도는 외로운 영혼들을
해탈로 이끌었던 종교적 장치였다.

:여수·흥국사:

수륙고혼이여, 법왕문에서 해탈하시오

충무공 이순신을 위시한 호남 수군들의 혁혁한 전공이 없었다면 임진왜란을 극복할 수 있었을까? 왜군이 부산에 침략한지 불과 20일 만에 수도가 함락되고, 전 국토가 유린당할 때 이순신은 남해 바다 한산도에서 기적적인 승리를 거뒀다. 한산대첩은 이 침략전쟁의 전세를 바꾸는 결정적인 계기가 되었고, 이순신의 수군사령부인 전라좌수영을 거점으로 호남 지방을 지키게 된다. 곡창지대인 호남을 그나마 지켰기 때문에 힘든 전쟁을 치를 수 있었다. 여죽하면 그가 "호남이 없으면 어찌 조국이 있을 수 있겠나이까?"라고 호남의 전략적 중요성을 강조했을까.

호남 수군의 전공은 단지 충무공 개인의 영웅적 활약 때문만은 아니었다. 일반 병사와 백성들이 혼연일체 죽음을 각오하고 헌신하였기에 가능한 승리였다. 특히 출가한 승려들이 산문을 나와 전쟁에 직간접으로 투신한 의승군들의 대단한 활약도 큰 보탬이 되었다. 호남뿐 아니라 전국적으로 조직된 의승군은 평양성 탈환 전투를 주도하여 육지의 전세를 돌릴 수 있었고, 한양 수복과 전쟁 후의 복구까지 희생적으로 공헌했다.

호남의 승려들은 여수 흥국사에 본거지를 두고 충무공의 수군에 편입되어 맹활약했다. 승병장 자운과 옥현의 지휘 아래 경상 충청 전라 3도에서 700여 명이 집결해, 바닷가에 토굴을 짓고 낮에는 경작하고 밤에는 방어와 전투에 참여했다. 흥국사 대웅전 해체 수리 때에 나온 문서에는 흥국사에 본부를 두고

고려 사원에서 조선 절집으로 115

웅천전투에 참전한 의승수군 300여 명의 명단이 기록되어 있다. 승군의 조직은 전쟁 후에도 1895년 갑오경장으로 전라좌수영이 해체될 때까지 지속되었다. 이들은 주로 병참을 담당하여, 수군들의 군복과 신발 등 용품을 만들고 조달하는 임무를 맡았다.

호남 승군에게는 중요한 임무가 또 하나 있었으니, 충무공을 비롯하여 전쟁으로 죽은 군사와 백성들의 외로운 영혼을 위해 수륙재水陸齋를 여는 일이었다. 인간은 죽으면 일정 기간 명부에 머물다가 다른 삶을 얻어 윤회하게 되는데, 전쟁이나 사고 등 억울하게 죽은 영혼들은 윤회하지 못하고 명부에서 떠돌게 된다. 이들에게 법회와 의례를 통해 바른 길로 인도하는 것이 불교의 천도재이며, 자손들이 재를 후원하지 못하는 무주고혼無主孤魂을 위한 천도재가 수륙재이다.

특히 나라와 민족을 위해 희생된 영혼들은 국가에서 주최하는 수륙재, 즉 국행수륙재國行水陸齋를 열어 숭고한 영혼들을 위무했다. 조선은 불교를 배척하고 성리학의 이상 국가를 지향했지만 건국 초기부터 불교 의식인 국행수륙재를 열었다. 태조 이성계는 서울 북쪽 진관사에 수륙사를 짓고, 조선 건국의 혼란기에 희생된 영혼들을 위해 왕실이 주관하는 수륙재를 열었다. 그 대상은 자신을 추종했던 세력들뿐 아니라, 상대편에서 맞섰던 고려 왕실의 희생자까지 포함했다. 국행수륙재는 연산군 때까지 계속된 국가적 행사였다.

정유재란의 마지막 대전이었던 노량해전에서 비록 충무공은 전사했지만 대승을 거둠으로써, 왜군은 한반도에서 완전히 물러가고 전쟁이 끝났다. 선조는 이듬해인 1599년, 승병장 자운에게 백미 600석을 하사하여 충무공의 전사지인 노량에서 대대적인 수륙재를 열게 하였다. 이 수륙재에는 본부인 여수 흥국사는 물론이고, 전라우수영의 해남 대흥사와 미황사, 경상우수영의 통영 미래사, 경상좌수영 소속의 부산 범어사 등 남해안 전역의 사찰들이 참여했다.

홍국사뿐 아니라 남해안 일대의 중요 사찰들은 전쟁에 참여했고, 전후에도 전쟁의 희생자들을 위로하는 임무를 가진 호국사찰들이었다. 국가적 차원의 후원으로 이들 사찰은 번성할 수 있었고, 전후 불교 중흥의 견인차 역할을 했다. 불교를 멸시하고 천대했던 조선 정부였지만 전쟁의 공헌도를 생각할 때 이들 사찰들을 후원하고 불교 중흥을 묵인할 수밖에 없었다. 또한 혼란과 도탄에 빠진 백성들의 민심을 수습하고 진정시킬 담당자는 윤리적 껍데기뿐인 성리학의 지배이념이 아니라, 죽은 영혼까지 위로할 수 있었던 불교의 몫이었다.

조선시대 사찰 가운데 이름에 나라 '국國'자가 들어간 사찰은 거의 국가에서 인정한 호국사찰이고, 받들 '봉奉'자가 들어간 곳은 거의가 왕실의 원당들이다. 수국사, 보국사, 진국사가 그러하고 봉은사, 봉국사, 봉선사도 그렇다. 특히 '홍국사'라는 이름을 가진 절은 경기도 남양주와 고양에 두 군데와 여수에 한 군데가 있다. 앞의 두 절은 왕실 원당이고, 뒤의 것은 임란 때 호국사찰이 된 것이다.

전후 승군들의 호국사찰과 수륙재, 그리고 국가의 관계는 건축적 흔적들로 남아 있다. 예를 들어 해남 대흥사 법당은 용머리를 조각한 고급의 소맷돌을 가진 계단을 갖고 있다. 특히 홍국사 계단은 한 차례 증축하면서 좌우 2개씩의 용머리를 조각했다. 아래 위 두 단에 새긴 사례도 희귀하지만 그들의 표정이 생생하여 보통의 솜씨를 넘는다. 계단의 용머리 장식은 국가적 인정을 받은 건물에만 가능했다. 또한 홍국사 대웅전의 기단에는 바닷게를 조각하고, 기단 윗돌에는 거북이를 새겼다. 미황사 대웅전 초석에도 게와 거북이가 등장한다. 이를 두고 법당을 극락세계

위 대웅전 기단의 바닷게 장식
아래 대웅전 계단 소매 돌의 용머리 장식

고려 사원에서 조선 절집으로 117

홍국사 대웅전을 흔히 반야용선에 비유하기도 한다.
극락세계로 가는 지혜의 배라는 의미이다.
기단에는 바닷게를 조각해 바다를 상징하고,
계단 소매 돌에는 용을 조각하여 용선을 상징했다.
계단의 용머리 장식은 국가에서 인정하고 지원해 준 건물에만
사용할 수 있다. 흥국사는 임진왜란 때 승병 기지로
인접한 전라좌수영의 충무공 수군들을 지원한 곳이다.
이 호국사찰에 대한 국가의 배려였다.

로 가는 반야용선에 비유하기도 한다. 죽음 이후 극락세계에는 지혜의 배인 반야용선을 타고 도달한다고 한다. 전쟁 영혼들의 극락왕생을 기원하는 이 생명체들은 수군과 관련이 있고, 물과 육지를 떠도는 영혼들과 관계가 깊다.

홍국사는 고려 조계종의 개창자인 보조국사 지눌知訥, 1158~1210이 1195년에 뒷산인 영취산 아래에 창건한 것으로 알려졌다. 지눌은 순천 송광사에 수선결사를 열면서 조계종을 창시했고, 이곳 영취산에 참선 도량을 창건했다. 지눌은 "이 절이 잘되면 나라가 잘되고, 나라가 잘되면 이절도 잘될 것이다."라 하여 절 이름을 '홍국사'라 정했다고 한다. 영취산이란 석가모니 부처께서『묘법연화경』을 설했던 인도의 산이고, 교와 선의 회통을 주장했던 지눌의 의도가 보이는 산 이름이다. 아마도 임진왜란 전까지는 송광사와 형제 사찰로, 조계선종의 지역 중심이었을 것이다.

    충무공의 노력으로 호남을 수호했다고는 하지만 안전지대는 수군 주둔지가 있는 해안이었고, 내륙 쪽은 간헐적인 왜군의 공격으로 전화를 입었다. 승병 본거지였던 홍국사는 제일의 공격 목표로 승방인 심검당을 제외하고 모든 건물들이 불에 탔다. 홍국사의 본사였던 송광사를 포함한 전라도의 거의 모든 사찰들도 전화로 큰 피해를 입었다. 전후인 1624년에 홍국사 재건에 착수했다. 최전성기였던 1700년경에는 전각 17동, 암자 14개의 규모로 성장했다.

재건 당시 건설 인력과 건축 기법은 송광사와 공유했던 것으로 보인다. 절에 전하는 말에 의하면, 송광사 대웅전을 다시 세운 후 그 도면을 활용하여 41명의 목수승군들이 천일기도를 드리며 홍국사 대웅전을 중건했다고 한다. 다시 말하면, 송광사와 홍국사 대웅전은 같은 도면을 따라 같은 장인들이 만든 쌍둥이 법당인 셈이다. 당시의 송광사 대웅전은 6·25 때 불타 버려서 사라졌다. 원래의 송광사 법당을 알고 싶으면 홍국사 대웅전을 보라는 말이 그래서 생겼다.

그러나 단지 대웅전만 송광사와 같은 것은 아니다. 홍국사의 입구 누각과 대웅전 사이 마당에는 낯선 법왕문이 남아 있다. 조선시대 산사들은 누각을 지나면 바로 대웅전 마당에 이르는 것이 일반적인데, 이 절은 누각을 지나면 법왕문이라는 문이 또 있고, 이를 지나야 대웅전 마당에 닿는 독특한 배치이다. 홍국사만 그런 것이 아니다. 6·25 전에 촬영한 송광사의 전경 사진에도 법왕문이 있었다. 그 위치도 누각과 대웅전 사이로 홍국사와 같다. 국내 수천 개의 사찰 가운데 법왕문의 존재는 이 두 사례만 알려져 있다.

현재 법왕문은 어떤 기능도 하지 않는다. 사천왕상을 봉안한 천왕문과 같이 예불 기능이 있는 것도 아니고, 일주문이나 해탈문과 같이 진입로의 역할도 아니다. 홍국사는 누각강당인 봉황루부터 가람의 중심 공간이기 때문에 법왕문의 존재는 오히려 공간의 질서를 깨뜨리는 장애물로 느껴질 정도다. 왜 이런 엉뚱한 건물이 중요한 마당 가운데 댕그라니 서 있을까?

그 비밀은 임진왜란 후 홍국사가 행해 왔던 수륙재의 의식 절차에 있다. 수륙재는 특정 개인을 위한 의식이 아니라 주인 없는 수많은 영혼들을 위한 행사다. 의식 기간도 보통 1박 2일 이상의 장시간이었고, 인근의 모든 승려와 신도들이 모이는 대규모의 행사였다. 특히 홍국사 수륙재와 같이 호국영령을 위한 것이면 최대의 연중 행사로 그 규모는 절 전체를 채우고도 모자랄 정도였다. 수륙재가 성행했던 조선 중기에는 좁은 실내를 벗어나 절의 가장 넓은 마당, 법당 앞마당에서 행하는 것이 일반적이었다.

수륙재는 말 그대로 물과 육지를 떠도는 모든 외로운 영혼들을 위로하고, 바른 길로 인도하여 구제하는 의식이다. 그 천도의 방법은 고혼들을 불러내어 부처님의 법문을 듣게 하고, 불법을 수호하는 여러 신들의 인도를 받아 갈 길을 찾는 것이다. 따라서 법당 앞마당에 부처를 모신 불단, 여러 신들을 모신 신중단,

그리고 수륙고혼들이 머무를 영가단을 임시로 설치한다. 이 세 개의 단을 상단, 중단, 하단이라고도 한다.

수륙재를 거행하는 승려들은 이 세 개의 단을 옮겨 다니며 의식을 거행한다. 수륙재는 불교 의식 음악인 범패의 연주와 함께 시작한다. 18세기에 간행된 범패 의식집인 『천지명양 수륙재의 범음산보집』에는 수륙재 3단의 배치를 유추할 수 있는 그림이 나온다. 이 〈지반3주야 17단배설도〉라는 그림의 중앙에는 '정문'이 위치하고 3단을 세분화한 17개 단들의 위치를 표시했다. 이 그림을 따라 가람 배치를 하면, 대웅전에는 불단을 설치하고, 가운데 정문에는 신중단을, 그리고 앞의 누각에는 영가단을 설치해야 한다. 다시 말해서 수륙재 의식을 제대로 행하기 위해서는 누각-정문-법당의 세 건물을 중심축선상에 일렬로 배열해야 한다. 흥국사의 경우, 그 정문의 이름이 법왕문인 것이다.

조신시대, 흥국사에서 열린 수륙재를 복원해 보면 이렇다. 누각인 봉황루 안에는 영가단을 설치하고, 앞의 종루에서 범종을 쳐서 수륙고혼들을 불러들인다. 정문인 법왕문 주변으로 여러 신중단을 설치하여 고혼들을 부처님께 인도한다. 법당인 대웅전 앞에는 커다란 두루마리 괘불을 세워 부처님의 법문을 듣게 한다. 정문인 법왕문은 중단의 중심이면서, 동시에 하단의 영혼들을 부처님에게 인도하는 통로인 것이다. 송광사 법왕문의 존재도 같은 목적이었다. 현재는 정통 수륙재의 전통이 사라졌다. 흥국사뿐 아니라 전국 모든 사찰에서 사라졌고, 진관사와 같은 몇

위　　법왕문
아래　수륙재 모습

군데에서만 복원을 위한 노력을 기울일 뿐이다. 따라서 현재의 눈으로 본다면 홍국사 법왕문은 매우 이례적이고 어색한 장애물일 뿐이다.

하지만 과거 홍국사의 가장 중요한 행사가 수륙재였고, 그것이 호국사찰의 근간이었음을 돌이켜 본다면 법왕문이 가람에서 가장 중요한 전각이었음을 깨닫게 된다. 또 하나의 증거가 있다. 홍국사에서 보관하고 있는 대형 괘불이다. 1759년 제작된 이 괘불은 폭 7.3m, 높이 11.7m로 국내 괘불 가운데 초대형급에 속한다. 발밑에서 연꽃이 활짝 피어오르는 가운데, 관세음보살이 정면을 응시하며 자비의 양 팔을 벌리고 서 있으면서 무주고혼들을 맞이하는 모습을 그렸다. 바로 수륙재 때 법당 앞 괘불대에 세웠던 그 괘불이다.

현존 사찰들에 희귀한 법왕문(정문)은 비단 홍국사와 송광사에만 있었던 것은 아니었다. 안동 봉정사에도 누각과 법당 사이에 진여문이라는 작은 정문이 있었다. 기록이나 사진자료는 남아 있지 않지만, 그 외에도 수륙재를 거행한 많은 사찰에 정문이 있었을 것이다. 수륙재 의식은 재단을 장식하기 위한 갖가지 공예물들을 준비하고, 행재 승려들의 의상을 마련하고, 범패를 연주할 수 있는 승려들을 동원하며, 수천 명 참가자들을 위한 음식을 마련해야 하는 막대한 재정과 인력과 노력이 드는 행사였다. 따라서 전쟁 직후에는 필수 불가결한 의식이지만 시간이 갈수록 축소 변형될 수밖에 없다. 수륙재 의식이 시들해지면서 정문들은 가람의 공간 이용을 방해하는 장애물이 되었다. 비록 정문들은 사라졌지만 괘불들은 수많은 사찰들에 남아 있다. 이제는 영산재나 야외 대형법회 때 등장하곤 한다.

여수 홍국사는 법왕문과 대웅전 외에도 많은 보물들이 있다. 절 어귀의 홍국사 홍교는 국

입구의 무지개다리. 홍국사 홍교

내에서 가장 길고 높은 무지개다리이다. 특히 중앙 정상부 양쪽으로 한 마리씩, 그리고 다리구조물 밑에 한 마리의 용이 흐르는 개울을 바라보고 있다. 호국사찰 흥국사의 입구로서 손색이 없는 설정이다. 본 절에서 좀 떨어져 있는 원통전도 특이한 모습의 건물이다. 건물뿐 아니라, 동종과 석가여래삼존상, 지장보살삼존상, 노사불괘불, 수월관음도, 십육나한도 등 많은 시설들이 보물로 지정되어 있다. 그러나 역시 흥국사에서 가장 눈여겨보고, 생각해 볼 대상은 바로 법왕문이다. 흥국사 존립의 근거이고, 전쟁의 참화를 달랬던 역사이며, 수륙고혼들을 해탈로 이끌었던 종교적 장치였기 때문이다.

III
믿음으로 지은
부처의 세계

경주 답골 부처바위

강진 무위사

영주 성혈사 나한전

순천 송광사 영가각

탑골 부처바위는 경주 남산 골짜기에 차려진 노천 가람이다. 바위에 부처를 새긴 것이라기보다,
금당의 내부를 투시한 장면으로 보아야 한다. 바위 앞의 빈터는 투명한 법당의 내부인 것이다.
2차원의 바위 면에 3차원의 가람을 새겨 넣어,
평면은 입체가 되었고, 몇 개의 선들은 공간이 되었다.
평범했던 이 골짜기의 바위는 단 하나뿐인 특별한 가람이 되었다.

바위에 새겨진 가람의 장엄

경주·탑골·부처바위

신라 천년 고도인 경주는 전성기 때 178,936호, 약 90만 명의 인구를 자랑하던 세계적인 대도시였다. 또한 중국과 서역을 넘어 유럽까지 이르는 실크로드의 동쪽 끝을 장식한 국제도시였다. 8세기경, 이 정도 규모의 국제도시는 전 세계에서 콘스탄티노플현 이스탄불이나 바그다드, 그리고 장안현 시안 정도밖에는 없었으니 당시 경주의 도시적 위세를 짐작할 수 있다.

경주 도시 안에는 세 종류의 또 다른 도시가 있었다. 수십 만 인구가 살아가는 실제 도시와 거대한 고분들을 비롯한 수많은 무덤들로 이루어진 죽은 자의 도시, 그리고 열 집 건너 하나였을 정도로 즐비했던 사찰과 불탑으로 만들어진 초월자들의 도시로 구성되었다. 이는 고대 그리스나 로마의 도시도 유사한 구성이었다. 살아 있는 자들의 실제 도시 외에도 죽은 자들의 도시인 공동묘지 네크로폴리스necropolis, 그리고 신전이 있는 신들의 도시인 아크로폴리스acropolis까지 이 세 개의 도시가 유기적으로 결합된 복합 도시 형태였다.

경주의 네크로폴리스는 대능원이나 봉황동 고분군, 수천 기의 작은 무덤들이 발견된 쪽샘지구 등 산 자들의 도시와 경계가 불분명할 정도로 섞여 있다. 무수한 건물들 사이로 마치 언덕과 같이 봉긋 솟아 있는 고분들의 독특한 스카이라인은 여기서 생겨났다.

그렇다면 경주의 아크로폴리스는 어디일까? 바로 경주 남산이다. 468m의 금오봉과 494m의 고위봉을 주봉으로 삼아 남북으로 길게 펼쳐진 남산은 신라 초

믿음으로 지은 부처의 세계

기부터 경주의 성지로 여겨져 왔다. 불교가 보급된 이후 신라가 멸망할 때까지 이 크지 않은 산에 셀 수 없이 많은 사찰들과 불탑들을 세웠고, 밤하늘의 별과 같이 무량한 수의 불상들을 새겼다. 1,000년의 세월 중 특히 유교 중심의 조선시대를 겪으면서 경주 남산의 불교 유적들은 처절하게 파괴되고 소멸되었다. 그럼에도 불구하고 현재 남아 있고 발견된 것만 절터가 147개소, 불상 118구, 석탑이 96기에 달한다. 이 통계는 정확하지 않다. 조사 기관이나 시기에 따라 다르기 때문이다. 지금도 마모가 심해서 몰랐던 유적들이 새롭게 발견되기도 하고, 땅속에 묻혔던 것들이 발굴되기도 한다. 전성기 때는 모든 골짜기마다 큰 절이 줄지어 들어서고, 봉우리마다 탑을 세우고, 벼랑마다 불상을 조각했을 것이다. 그야말로 도시에 재현한 부처의 세상, 신성한 아크로폴리스였던 것이다.

물론 목조 건물들은 다 사라지고, 불상들 석탑들도 붕괴되고 철거되었다. 가장 원형을 잘 보존하고 있는 것은 불태울 수도, 약탈해 갈 수도 없는 바위에 새겨진 조각들이다. 대개 불상들을 새겨 예불의 대상으로 삼았지만 몇몇 조각들은 불상뿐 아니라, 불교와 관계된 신앙의 모습과 수행 생활을 새기기도 했다. 그 대표적인 유적이 바로 탑골에 있는 마애불상군이다.

남산은 남북 10km 길이로 그다지 크지 않지만 40여 개의 골짜기를 갖고 있는 아기자기한 산이다. 골짜기마다 이름이 붙어 부처골, 절골, 탑골, 선방골, 열반골, 국사골 등으로 불교적 이름이 태반이다. 예의 탑골은 비교적 큰 규모의 신라식 3층 석탑이 아직 당당하게 서 있기에 붙여진 이름이다. 그러나 정작 이 탑은 인근에 있던 탑을 옮겨 온 것이고, 이 골짜기의 주인공은 사각형의 거대한 바위에 새겨진 마애 조각들이다.

문화재명으로 '보물 제201호 남산탑골마애불상군'이라 부르지만 인근에서는 '탑골 부처바위', 학계에서는 '탑골 사방불암'이라 부르기도 한다. 마애불이란 벼랑에 새긴 불상이라는 뜻이고, 바위의 4면 모두에 불상을 새겨 사방불암이라는 이름이 붙었다. 유독 이 바위가 유명한 까닭은 가장 풍부하고 다양한 불교 관계 그림들이 새겨져 있고, 그 조각 수법이 고졸하고 정교해서 묘한 감동을 주고 있기 때문이다. 현재 부처바위 아래에는 '옥련암' 또는 '불무사'라 하는 작은 절을 운영하고 있지만 20세기 이후에 창건한 절로서 부처바위 당시의 불적은 아니다. 그래도 이 절은 탑골의 지형을 보존하고 부처의 인연을 유지하는 데 나름대로 역할을 하고 있다. 옥련암으로 들어가는 골짜기는 그다지 크지 않지만 사철 맑은 물이 흐르는 계곡을 끼고 있는 고즈넉한 곳이다. 깊고 어두운 숲길을 지나 작은 다리를 건너면 예의 옥련암이 나오고, 절의 끝자락에 드디어 부처바위가 위용을 드러낸다.

탑골은 남산의 북사면에 위치하고 있다. 부처바위 역시 남쪽이 높고 북쪽이 낮은 산기슭에 솟아 있다. 12~13m 되는 사방의 높이와 비슷한 자연스러운 바위로 북쪽과 서쪽 면은 원래부터 절벽 면이지만 동쪽 면은 완만하게 경사진 바위를 인위적으로 잘라 만든 인공 절벽이고, 남쪽 면도 다듬은 흔적이 나타난다. 두 면의 절벽을 가진 바위를 절묘하게 다듬어서 4개의 절벽을 만든, 반은 자연이고 반은 인공인 셈이다. 그러나 그 솜씨가 워낙 유연해서 원래부터 자연적으로 조성된 바위 면 같이 보인다. 인공을 가하되 자연을 거스르지 않는 한국적 조형의 원리를 여기서도 찾아볼 수 있다.

   옥련암에서 올라가면 정면으로 먼저 나타나는 것은 북면이다. 이 면에는 가운데 본존불을 조각하고 그 좌우로 목탑 모양의 탑 두 기를 새겨 놓았다. 본존불 좌측의 것은 7층이고, 우측의 것은 9층이다. 두 개의 탑들은 경사진 기와지붕과 기둥, 창문의 모습이 뚜렷해서 틀림없는 목탑이고, 지금은 사라져 버린 황룡사 9층탑의 모습을 재현한 것으로 해석하고 있다. 아마도 이 골짜기의 이름이 탑골인 이유도 여기 새겨진 목탑에서 연유한 것이 아닐까? 그럼 7층 목탑은 어느 절에 있던 탑을 묘사한 것일까 하는 의문이 생길 법도 하다.

그러나 낱낱의 조각을 분리해서 보기보다는 북쪽 면 전체의 형상을 하나의 장면으로 인식하면 다른 해석도 가능하다. 가운데 본존불은 머리 위에 호화로운 지붕인 천개天蓋를 쓰고 있고, 그 좌측 위로 비천상이 조각되어 있다. 이런 모습은 고대 불전의 금당 내부에서 볼 수 있는 장엄한 불상의 모습이다. 그렇다면 이 본존불은 금당 건물을 의미하고, 좌우의 목탑들은 신라식 쌍탑가람의 형상을 정면에서 본 것이 된다. 각 목탑 아래에 역시 좌우 대칭으로 사자상이 새겨져 있는데, 9층탑 아래에는 입을 벌리고 있는 암사자 상이, 7층탑 아래에는 다물고 있는 수사자 상이있다. 입을 벌리고 있는 사자는 산스크리트 문자의 첫 글자인 '아'를, 다물고 있는 것은 끝 글자인 '훔'을 토하고 있어서 처음과 끝이라는 종교적 의미도 있다고 한다. 이런 모습은 신라의 쌍사자 석등에서도 흔히 볼 수 있는 아이콘이다.

　금당 좌우로 쌍탑이 서고, 그 앞에 역시 대칭으로 사자상이 있는 구도는 고대 가람건축의 엄격한 대칭성을 형상화한 것이다. 그렇다면 왜 좌우의 목탑 높이가 비대칭일까? 그 비밀은 바위의 생김새에서 해답을 찾을 수 있다. 부처바위의 북면은 좌측이 높고 우측이 낮은 비대칭형이다. 바위의 생김새에 따라 높은 부분에 9층을, 낮은 부분에 7층탑을 새긴 것이 아닐까? 뿐만 아니라 이 면은 두 개의 깊은 골이 파져 전체 면을 세 부분으로 나누고 있다. 이 세 개의 면에 각각 탑과 본존불을 새겼다. 이 역시 바위의 생김새를 거스르지 않고, 그 형상을 최대한 이용한 것이다. 만약 좌우 쌍탑의 높이를 같이 했다면 비대칭형의 전체 화면과 어울리지 못하는 모습이었을 것이다.

한 면을 하나의 화폭으로 이용하면서도 바위의 생김새에 순응한 원리는 동쪽 면에서도 여실히 읽을 수 있다. 동면은 4면 가운데 가장 많은 도상들을 새긴 곳이다. 그러나 이 면은 깊은 골이 아래위로 나서 두 개의 화면을 만들 수밖에 없는 곳이다. 우측의 큰 면에는 중앙에 본존불을 두고 그 우측에 협시불과 염불

부처바위의 정면인 북면. 문화재 명칭은 '남산탑골마애불상군'이다. 황룡사 9층탑을 연상케 하는 목탑을 좌우로 새겼고, 가운데 불상을 앉혔다.

하는 승려상을 두고, 위쪽으로는 6구의 비천상과 가릉빈가상을 방사형으로 배열했다. 본존불은 정면을 바라보고 있으나 나머지 모든 상들의 시선은 본존불을 향하고 있어 중심성이 매우 강한 도상을 이룬다. 우측면이 부처의 세계라면 좀 더 작은 좌측면은 승려의 세계이다. 두 그루의 보리수 밑에 한 명의 수도자가 좌정하고 있고, 그 위에 비천상이 내려다보며 좌측 바위 모퉁이에는 또 한 명의 승려가 나무 밑의 승려를 바라보고 있다. 좌측면의 나무 밑 승려상은 뚜렷하지만 비천상과 수행 승려상은 오랜 마모 끝에 희미하게 보인다. 아마도 나무 밑의 수도자는 명상 중에 있는 싯달타 태자일지도 모르고, 우측은 성도를 이룬 석가모니 부처의 세계일지도 모르겠다. 어쨌든 동면 역시 바위 생김새의 제약까지도 활용하여 하나의 스토리를 구성했다.

  서쪽 면은 급경사 지역으로 조각상이 가장 적은 곳이다. 서면에는 큰 골이 수평으로 파져 있어서 화면은 상하로 나뉘고, 아랫면에 본존불을 조각했다. 이 면 역시 바위의 형상에 따라 화면을 구성한 것이다.

부처바위의 남쪽 면은 본격적으로 사찰을 경영했던 곳으로 보인다. 이 면은 아예 두개의 바위 면이 떨어져 있는 것 같이 보인다. 우측 바위에는 본존불과 좌우 협시불의 삼존불을 새겨 부처바위의 중심면을 이루고, 좌측 바위에는 감실을 파고 승려 좌상을 새겼다. 그 앞에 단독으로 서 있는 불상은 후대에 별도로 만든 것으로 전해진다. 남면 앞에는 넓고 완만한 빈터가 조성되었고, 석등 터도 있으며, 예의 3층 석탑도 서 있다. 부처바위 곳곳에는 목조 지붕을 씌웠던 기둥 자리들이 남아 있다. 남면 앞 빈터 맞은편에는 'ㄱ'자형의 건물지도 발견했다고 한다. 아마도 승방이나 강당 터로 추정하는 곳이다. 또한 동면에서 남면으로 오르는 입구에 삼지창을 든 신장상을 새겨, 이 부분을 남면 사찰의 입구로 삼았던 것 같다.

위 부처바위 동면에 새겨진 여러
부처와 비천상
아래 부처바위 서면에 새겨진
본존불 조각

믿음으로 지은 부처의 세계

부처바위가 실질적인 사찰로 경영되었을 당시를 복원해 보면 이렇다. 탑골 계곡을 따라 오르면 마치 쌍탑 가람을 멀리서 보는 것 같은 정면이 신도들을 맞이한다. 동면 절벽에 새겨진 부처의 수행과 득도의 장면을 온몸으로 체험하면서 신장상이 서 있는 입구에 다다른다. 입구를 지나면 산기슭에 펼쳐진 암벽 사찰의 마당이 펼쳐지고, 돌아서면 부처바위 위로 목조 지붕을 씌운 금당을 마주한다. 금당 안에는 석불 입상이 서 있고, 그 뒤 바위 면에는 삼존불과 수행 승려상 등의 암벽들이 장엄을 이루고 있었을 것이다.

탑골 부처바위에 새겨진 유적은 선명하지만 관련 기록이 일절 없다. 따라서 여러 해석이 분분하며 정확한 유래는 알지 못한다. 조성 시기도 7세기설과 9세기설로 나뉘어져 있다. 일제 강점기, 이 일대에서 '신인사神印寺'라는 명문이 새겨진 기와 쪽을 발견하여 부처바위를 밀교 계통의 신인종에 속한 사찰로 비정하는 설도 있다. 그러나 그 명문 기와의 행방은 알 수 없다. 밀교계 사찰설은 곧 부처바위의 사방불설로 발전했다.

사방불설이란, 우주의 동서남북에 각기 다른 부처의 세계가 있어서 동쪽에는 약사불의 정유리세계, 서쪽에는 아미타불의 극락정토가 있다는 설이다. 때문에 동면의 도상들은 아미타불의 서방정토를 묘사한 것으로 비정하기도 한다. 그러나 부처바위 4면의 본존불들은 모두 손 부분을 옷을 감싸 수인手印을 확인할 수가 없다. 불교 미술에서 부처의 수인은 그 부처의 정체를 밝히는 매우 중요한 단서인데, 그를 확인할 수 없으니 사방불설도 아직은 가설에 불과하다.

부처바위를 단지 불교 미술의 전시장으로 볼 것이 아니라, 실재 존재했던 하나의 사찰로 다시 바라본다면 더욱 많은 비밀들을 풀어 볼 수 있다. 부처바위의 4면은 결국 하나의 가람을 4개의 장면으로 묘사한 것이다. 한 면에는 사찰의 전경을 묘사하고, 반대 면에는 금당의 내부를 묘사했다. 원경에서 근경에 이르는 과정에는 부처의 수행과 득도의 이야기를, 또 불국의 장엄을 그려 신앙의

사찰이 경영되었던 곳으로 보이는 부처바위의 남면. 완만한 빈터에는 석등 터, 옮겨온 3층 석탑이 남아 있다.

경주 남산, 이 높지 않은 바위산 곳곳에
사찰과 불탑들이 기러기 떼같이 즐비했고,
불상들은 밤하늘의 별과 같이 무량하게 새겨졌다.
현재 남아 있고 발견한 것만도 절터 147개소, 석탑 96기,
불상 118구이다. 도시에 재현한 부처의 세상,
신라인들의 아크로폴리스였다.

행로를 만들었다. 그 사찰은 건물과 공간으로 이루어진 것이 아니라, 2차원의 바위 면에 3차원의 가람을 새겨 넣었다. 그래서 평면은 입체가 되었고, 몇 개의 선들은 공간이 되었으며, 평범했던 남산의 바위는 단 하나뿐인 특별한 가람이 되었다.

무위사 극락전은 조선 초기인 1430년에 세운 건물이다.
더도 덜도 없이 꼭 필요한 뼈대만으로 이룬 골격미가 돋보이며,
직선적인 맞배지붕의 형태에서 건강한 힘을 느낀다.
세종대왕 기간의 건실한 시대적 분위기는 이 먼 산골의 가람까지 전파되었다.
당시에는 기둥과 기둥, 보와 인방 사이 비어 있는 벽면에 생생한 벽화들로 가득했을 것이다.
그 벽화들은 해체되어 현재 박물관에 진열 중이다.

강진 · 무위사 ·

회벽에 그린
극락의 세계

전라남도 영암과 강진의 경계에는 수많은 봉우리로 이루어진 월출산이 불쑥 솟아 있다. 월출산의 신령한 바위들은 '영암'군의 어원이 되었고, 기기묘묘한 봉우리들과 깊은 골짜기들은 숱한 전설과 신앙의 모태가 되었다. 이 산이 품고 있는 유명한 절집만 하더라도 고려시대 3층 목탑이 있었던 천황사, 조선 초의 해탈문으로 유명한 도갑사, 신라와 백제 석탑의 특징을 모두 갖춘 월남사지 석탑, 그리고 수덕사 대웅전에 비길 만한 극락보전을 가진 무위사를 들 수 있다.

'무위無爲'란 '아무것도 하지 않다'라는 말이 아니라 '인위적인 일을 억지로 하지 않다'는 말이다. 그럼으로써 현상을 초월하여 영원히 변하지 않는 진리에 다다른다는 뜻이다. 월출산 남록에 나소곳이 자리 잡은 무위사는 신라 말 875년에 그 유명한 도선국사 道詵, 827~898가 창건한 절이다. 창건 당시 이름은 '갈옥사 葛屋寺'였다고 하니, 지붕을 칡넝쿨로 덮을 정도로 간단한 암자 수준의 절이었을 것이다. 그 후 40년이 지난 905년, 선각국사 형미 逈微, 864~917가 이곳에 머무르며 절을 크게 중창해 현재의 기틀을 잡았다. 그때 이미 절 이름을 '무위갑사'로 바꾸었다.

형미 스님은 선종인 가지산문의 승려로서, 광주가 출생지이고 장흥 보림사가 출가지이다. 당나라 유학 후 귀국하여 당시 나주 지방을 점령한 왕건과 인연을 맺어 그의 자문역이 되었다. 무위사를 중창한 것도 왕건의 요청 때문이었다. 형미는 태봉국인 철원까지 왕건을 따라갔지만 그곳에서 궁예의 의심을 받아 죽

믿음으로 지은 부처의 세계

임을 당했다. 이듬해 고려를 세우고 태조로 즉위한 왕건은 그의 은혜와 희생을 기억하여 선각국사로 추대했다. 흔히 도선국사가 태조 왕건의 스승으로 알려져 있지만 연배 차이로 두 사람은 만날 기회가 없었고, 선각국사가 실제 스승이었다. 도선의 생애는 불분명하여 선각국사의 행적을 짜깁기한 가상의 인물이 아닐까 의문을 제기할 정도이다. 선각국사 형미의 일대기는 무위사 안에 보존된 〈선각국사 편광탑비〉에 자세히 새겨져 있다.

고려조 내내 무위사는 지역 중심사찰의 위상을 유지했던 것으로 보인다. 조선 태종이 전국 사찰들을 축소 정비할 때 무위사는 천태종을 대표하여 17개 자복사 가운데 하나로 살아남았다. 고려 말 인근 만덕사현 백련사에서 천태종의 백련결사를 결성했고, 그때 무위사도 천태종으로 종파를 바꾸었던 것으로 이해된다. 현 극락보전은 1430년세종 12년에 건립했고, 후불벽화는 1479년성종 7년에 그렸다. 임진왜란 이전에 조성된 건물과 벽화가 온전히 남은 매우 희귀한 유적이다. 건립 당시에 관직을 받은 승려들이 건설에 참여했고, 국가적 수륙재를 열었던 국행 수륙사로 지정된 것을 보면 억불시대에도 국가의 지원이 집중되었던 사찰이다.

　그러나 달이 차면 기우는 법. 조선 후기를 거치며 무위사는 점차 퇴락하여 선각국사비와 극락보전 하나만 남은 작은 사찰이 되었다. 1955년 법당을 해체 수리하면서 많은 벽화들을 분리하여 현재의 보존각에 옮겨 전시하게 된다. 극락보전 자체도 정교하게 지어진 중요한 건물이지만 남겨진 벽화들은 고려적 품격을 지닌 조선 초의 정말 소중한 유산들이다. 벽화는 건물의 일부이기에 해체하여 옮기게 되면 그 가치가 절반으로 줄어들게 된다. 꼭 있어야 할 위치에 꼭 그려야 할 그림을 그린, 매우 공간적인 그림이기 때문이다.

　그래도 수덕사 대웅전의 황당한 경험보다는 다행인 경우이다. 수덕사 대웅전은 일제강점기인 1937년에 해체 수리에 들어갔다. 대웅전에는 귀중한 고려시대

위　극락전 측면. 높고 낮은 배흘림기둥 사이에 수평재들을 끼워 벽면을
구성했다. 가장 높은 곳에는 'ㅅ'자 모양의 소슬합장으로 종도리를 받쳤다.
수직과 수평 부재들은 벽면을 적절히 분할했고, 그 분할된 면들의 비례가
기하학적 추상화와 같다.
아래　무위사 마당의 〈선각국사 편광탑비〉

믿음으로 지은 부처의 세계　141

벽화들이 온전히 남아 있었는데, 이 벽화들을 잘게 부셔서 쓰레기로 반출하는 무모한 사건이 벌여졌다. 당시 문화재 관계 단청 일을 하던 미술사가 임천이 이 소식을 듣고 급히 현장으로 내려갔지만 이미 심각하게 파손된 상태였다고 한다. 임천은 벽화의 일부를 모사하여 남겨 두었고 그 일부가 국립중앙박물관에 보관되어 있다. 부석사의 경우 무량수전에 있던 고려시대 벽화는 남아 있지 않고, 현재 조사당의 것만이 고려시대 유일의 벽화로 남아 있다.

정면 3칸, 측면 3칸의 무위사 극락보전은 비록 규모는 작지만 당당하고 견실한 건물이다. 맞배지붕으로 측면은 모든 구조재들을 노출하고 있는데, 부재들 사이의 짜임새 있는 비례와 수학적 구성이 완벽한 형태를 이루었다. 고려시대 건물인 수덕사 대웅전이 기둥의 배흘림이나 지붕틀의 우미량 등 곡선적인 아름다움을 주고 있다면, 무위사 극락전은 좀 더 직선적인 당당함을 표현하고 있다.

정면 3칸 중, 가운데 칸이 양옆 칸보다 좁은 것도 이 건물의 특징이다. 보통은 가운데 칸을 크게 하고 양옆을 작게 칸살이를 잡는 것이 일반적이다. 무위사의 경우는 가운데 칸을 줄임으로써 내부 공간의 여유를 확보하는 수법을 사용했다. 구조적으로 필요한 최소의 부재로만 짜 맞추었으면서도 날렵한 지붕과 건실한 몸체를 가지고 있어서, 조선 초 세종과 성종 당시의 건강한 기풍을 읽을 수 있는 빼어난 작품이다.

건물을 더욱 빛나게 하는 것은 내부 불단 뒷벽에 그려진 벽화다. 〈무위사 극락전 아미타극락회상도〉는 가운데 아미타불, 양옆에 관음보살과 지장보살을 협시하고 있다. 전문가들의 견해에 따르면 불보살들의 얼굴 비례와 자세들은 조선 초의 양식이고, 장신구나 의복의 섬세한 묘사는 고려의 전통을 따른다고 한다. 관음보살은 보관을 쓰고 있지만 지장보살은 두건을 쓰고 있다. 지장보살은 지옥에 있는 중생들을 모두 구제할 때까지 부처가 되지 않겠다고 서원한 보살

극락전 내부. 가운데 아미타불, 좌측은 관세음보살, 우측은 지장보살. 뒤로 후불 벽화인 〈무위사 극락전 아미타극락회상도〉가 있다.

믿음으로 지은 부처의 세계

이다. 불쌍한 지옥 중생들에게 위화감을 주지 않기 위해 소박한 두건을 쓸 정도로 지극히 인간적인 분이다.

조선 후기에 그려진 부처와 보살의 표정은 마치 표준 영정을 보는 듯 경직되고 획일적이지만 이 벽화의 부처와 보살은 생생한 표정을 짓고 있다. 더욱 사실적인 묘사는 그들 위에 그려진 나한들의 표정이다. 어떤 이는 심각하고 어떤 이는 미소 짓고 있다. 또 어떤 이는 옆의 동료에게 속삭이는 듯하다. 왜 이처럼 사실적인 묘사의 전통이 후대에는 사라져 버렸을까?

여기서 끝이 아니다. 후불벽의 뒤로 돌아가면 〈무위사 극락전 백의관음도〉보물 제1314호 벽화가 숨어 있다. 하얀 하늘 옷을 입고 자신을 예배하는 선재동자를 지긋이 내려다보며 서 있는 관음보살상이다. 힘찬 붓놀림으로 몇 가닥의 선을 연결하여 바람에 날리는 하얀 외투를 묘사한 솜씨는 가히 정상급이다. 얼굴 뒤에도 동그란 광배를 그렸지만 관음상 전신을 감싸는 커다란 광배는 더 인상적이다. 그 큰 원을 어떻게 한 번에 그렸는지 정말 신기에 가깝다.

이 벽화에는 전설이 있다. 극락보전을 건립한 후에 한 노승이 찾아와 벽화를 그리겠다고 자청했다. 단, 100일 동안 법당 문을 열지 말라는 조건을 붙였다. 그러나 이런 종류의 전설은 늘 마지막 순간에 파국을 맞는다. 호기심 많은 한 사미승이 문틈으로 실내를 엿봤더니 노승은 간데없고 새 한 마리가 입에 붓을 물고 날아다니며 벽화를 그리고 있는 것이 아닌가? 사미승은 자신도 모르게 소리를 지르며 문을 열었고, 새는 낌새를 채고 밖으로 날아가고 말았다. 그래서 이 벽화는 관세음보살의 눈동자가 그려지지 않고 미완성으로 남았다는 이야기가 전해진다. 이 전설은 무위사에만 전해 오는 것이 아니다. 변산반도의 내소사 대웅전에도 같은 이야기가 남아 있다. 아마도 장인의 귀신같이 뛰어난 솜씨를 예찬하다 만들어진 전설일 것이다. 그러나 무위사 극락전 후불벽 관음보살상의 눈동자는 또렷이 그려져 있다.

후불벽 뒷면에 그려진 〈무위사 극락전 백의관음도〉.
힘찬 붓놀림으로 몇 개의 선을 그어,
바람에 날리는 흰 외투를 묘사했다.
온몸을 감싸는 커다란 광배는 끊어질 듯 이어져서
전체적인 긴장감을 더한다.

건물의 회벽에 그림을 그리는 기법은 크게 두 가지로 나뉜다. 아직 마르지 않은 축축한 벽에 물에 녹인 안료를 이용해 그리는 그림을 '프레스코fresco'라고 부른다. 안료는 회벽 표면에 스며들어 시간이 가도 변하지 않고 생생함을 유지한다. 반면 일단 그려진 그림은 수정이 불가능하여 매우 숙달된 솜씨가 아니면 제작하기 어려운 기법이다. 그러나 일단 그린 후에는 보존 관리하기가 매우 쉽다.

또 하나는 완전히 마른 회벽이나 돌벽에 그리는 '세코secco'라는 기법이다. 안료에 아교나 물을 섞어 접착이 쉽도록 하고, 칠해진 물감 층이 벽 표면과 접착이 잘 되도록 우유나 석회수를 뿌리기도 한다. 그리기는 쉬우나 명료함이 떨어지고, 내구성이 약한 것이 흠이다. 한국 벽화의 경우 프레스코 기법은 그다지 많지 않다. 무위사 극락전의 변화는 모두 세코 기법을 사용했음에도 섬세하고 생생한 표현을 달성한 빼어난 작품들이다.

이제 벽화들을 해체해서 보관하고 있는 보존각으로 가보자. 법당의 각 부분에 그려져 있던 그림들로, 부처와 보살을 그린 그림, 천인들을 그린 그림, 단순한 장식 벽화 등 다양한 종류 총 27점을 보존하고 있다.

우선 눈에 들어오는 것은 극락전 서측 벽에 있었던 〈아미타내영도〉이다. 극락세계의 주인인 아미타불이 극락에 왕생하는 중생들을 직접 영접하는 모습으로, 8명의 보살과 8명의 비구들이 함께 맞이한다. 부처와 보살의 표정은 정형적이지만 비구들의 표정은 생동감이 넘친다. 마치 형식화된 아이콘과 사실적인 풍속화를 하나의 그림에 합친 것 같은 묘사다. 구불거리는 옷 주름 묘사는 고려 말 불화에 나타나는 특징이지만 보살들의 옷자락을 묶은 매듭은 조선 초기 불화의 특징이라 한다. 웅장한 스케일과 힘찬 붓놀림이 있는가 하면 은은한 색채로 분위기를 차분하게 만드는 동動과 정靜이 한 화면에 어우러져 있다.

동측벽 중앙에 있었던 〈삼존불화〉도 특징적이다. 삼존불 사이로 두 보살이 끼어들고 그 뒤편에 6명의 비구를 배열했다. 멀리 뒤로 월출산을 닮은 바위산들을 묘사하여, 기법상으로 불보살은 종교화, 비구들은 신선화, 배경은 산수화라 할 수 있는, 동양화의 여러 기법들이 혼합되어 있다.

〈주악비천도〉는 하늘을 나는 천인들이 퉁소, 생황, 훈, 피리 등 다양한 악기를 연주하고 있는 모습을 그렸다. 천인들도 성별이 있는지 모르지만 대부분의 얼굴은 여성에 가깝다. 또 하늘의 사람들은 늘 날아다니기 때문에 땅을 딛기 위한 발이 없다. 치마 주름 등으로 하체를 감쌌고, 상반신에는 리본을 둘러서 이들의 펄럭거림으로 날아가는 모습을 묘사했다. 단순한 장식화인 〈연화당초향로도〉도 재미있다. 연꽃의 평면과 입면을 나란히 그려, 그 입체감을 묘사하고 있다. 옆으로 길게 제작된 〈당초문〉들은 오로지 선만으로 좌우대칭의 세련된 곡선 문양을 완성하고 있다.

대부분 15세기에 그려진 벽화지만 〈보상모란문도〉는 18~19세기에 덧그려져 섬세한 선들의 묘사 대신 넓은 면에 칠해진 강렬한 색채만이 남아 있다. 투박하고 거친 듯한 느낌이 강해서 다른 전기의 벽화들과 대조를 이룬다. 조선 후기에도 수도권에서는 진경회화의 경향이 강하게 살아났지만, 지방의 민속화들은 더 형식적이고 장식적인 수준에 머물렀던 현상의 한 예라고 할 수 있다.

이 조각난 벽화들을 하나하나 들여다보는 것은 온전한 감상법이 아니다. 이들은 독립된 회화 작품이 아니라, 극락전 법당 벽에 위치하여 실내 공간을 통일된 하나의 세계, 즉 극락의 세계로 재현했던 것이기 때문이다. 어떤 그림은 극락세계의 주인공들을 묘사하고, 어떤 것은 극락 가는 방법을 설명하고, 또 어떤 것은 극락의 아름다움을 표현하고 있었다.

벽화들 사이에는 순서가 있고, 서로의 관계가 있지만 벽화를 해체함으로써 그 모든 관계는 사라져 버렸다. 그렇다고 다시 극락전의 벽으로 회귀시키는 것도 불가능하다. 해체 수리 과정에서 많은 부분이 망가지고 없어졌기 때문이고, 다시 복귀시키는 것은 복원의 이름으로 또 다른 문화재 훼손을 자행하는 일이

위 〈아미타내영도〉. 서방 극락정토로 왕생하는 중생들을 맞이하는 아미타불과 보살들, 그리고 불제자인 나한들을 표현했다. 부처와 보살들의 얼굴은 정형화된 아이콘이지만 뒤편 나한들의 표정은 익살스럽고 생생하게 표현했다.

아래 〈삼존불화〉. 근엄한 부처의 표정과 사실적인 뒤편 나한들의 표정이 대조적이다. 벽화 상부에는 마치 월출산을 연상케 하는 산악들을 멀리 그려 넣어 배경으로 삼았다.

기 때문이다. 새로운 형식의 보존각을 만들면 된다. 극락전과 같은 모습의 뼈대를 세우고, 뼈대 사이 원래의 위치에 벽화 조각들을 전시하면 된다. 사라진 나머지 부분들은 투명한 벽체로 막아서 공간적 전시를 완성할 수 있다.

불교의 경전들은 법당을 장엄하게 장식하라고 권장하고 있다. 그것이 바로 공덕을 쌓는 중요한 수단이기 때문이다. 그래서 사찰의 법당은 화려하고 다양한 벽화와 단청으로 장식하고 있다. 그러나 그들은 단순한 장식이 아니다. 부처의 세계를 건물에 재현하는 것이고, 그림 하나하나가 종교적 가르침과 감동을 위해서 제작된 것이다.

19세기까지 건축은 일종의 장식예술이었다. 20세기에 들어 모더니즘 건축이 장식을 죄악시하고 최소화하는 도그마를 주장했지만 장식이란 건축의 본질 가운데 하나이다. 건축물의 표면을 보호하며, 인간과 구조물 사이에 새로운 층위를 만들고, 그럼으로써 단순한 실내 공간을 또 다른 세계로 탈바꿈시키는 게 장식의 역할이다. 또한 무위사 극락전과 같이 종교적 목적을 가지고, 뛰어난 솜씨로 작품성까지 겸비한 장식은 오히려 건축의 세계를 무한히 확장시킨다.

무위사 극락보전의 골격은 간결하고 건실하다. 그 골격 사이에 끼워졌던 벽화들은 생명력이 넘치고 다양하며 풍부하다. 튼튼한 골격과 아름다운 장식들. 극락이란 이렇게 이루어진 곳이 아닐까? 극락세계는 어디에 있는가? 바로 이 건축물에 있다.

창이란 햇빛을 끌어들여 어두운 내부를 밝히는 데 목적이 있다.
성혈사 나한전과 같이 거의 창 전체를 투각하여 장식한다면 채광 효과가 약화되어
창의 기능을 상실한다. 그러나 다른 관점에서 본다면, 창 자체에 자연을 담고,
생태계를 담고, 소박한 연화장 법계를 담아 민중의 소망을 이루었다.

영주·성혈사·나한전·

창살에 새긴
소박한
연화장 세계

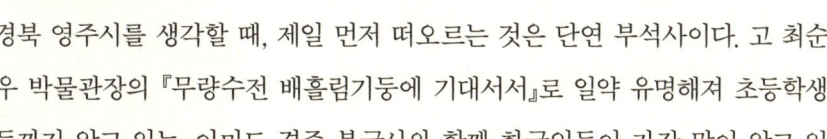

경북 영주시를 생각할 때, 제일 먼저 떠오르는 것은 단연 부석사이다. 고 최순우 박물관장의 『무량수전 배흘림기둥에 기대서서』로 일약 유명해져 초등학생들까지 알고 있는, 아마도 경주 불국사와 함께 한국인들이 가장 많이 알고 있는 절일 것이다. 부석사 무량수전은 몇 안 되게 남아 있는 고려시대 건물 중 가장 오래된 건물의 하나이며, 동시에 가장 아름다운 건축물로 꼽힌다.

그러나 부석사를 창건하던 시대는 그리 아름다운 상황이 아니었다. 소백산맥은 옛 신라의 북방 국경선이었고, 부석사를 세운 곳은 신라에서 중부지방으로 통하는 주요한 통로인 마아령 부근이었다. 아직 죽령을 개척하지 못한 신라 때, 마아령은 경상도 영주와 충청도 단양을 잇는 유일한 고개였다. 이 루트는 남한강 상류인 단양에서 물길을 타고 서해 바다로 진출할 수 있는 최단의 지름길이었다. 그러나 단양을 비롯한 소백산맥 북쪽은, 비록 통일을 했다고는 하지만 아직도 고구려의 잔당들이 암약하는 위험지역이었다. 그만큼 부석사의 입지는 지리적으로, 군사적으로 중요한 국가적 요충지였다.

이러한 곳에 신라 최고의 승려인 의상은 사찰을 세워 불교를 통해 접경 지역을 교화하려 했고, 군사적 사회적 견제와 통합의 역할을 스스로 시도했다. 의상이 중국에 유학하여 배워 온 화엄학은 당대에는 최신, 최고의 교학이었고 통합의 불교로서 막 통일한 신라에 꼭 필요한 맞춤 불교였다. 부석사는 화엄사상을 기조로 세운 최초의 가람이며, 화엄학을 전파한 중심 사찰로 알려졌다. 이후 의상의 제자들은 신라 땅 곳곳에 화엄의 도량을 건립했는데, 그 가운데 중요한

믿음으로 지은 부처의 세계 151

몇 개의 사찰을 일컬어 '화엄십찰'이라 했고, 부석사는 그 첫 번째로 꼽힌다.

부석사 일대에는 의상과의 인연으로 창건된 사찰이 많다. 부석사를 세우기 전 초막을 짓고 거처했다는 초암사, 나중에 소수서원이 들어선 숙수사 터, 부석사 동쪽 계곡의 이름 모를 폐사 터, 그리고 국망봉 높은 곳에 건설한 성혈사 등이 모두 의상이 창건한 사찰이라 전해 온다. 부석사를 본부로 하여 이 절들을 연결하면 마치 전방에 배치된 군사 부대와 같은, 강력한 소백산맥 방어선을 형성하게 된다.

그 가운데 성혈사를 제외하고는 거의 폐사되었고, 성혈사는 조선 중기까지 꽤 규모가 있는 사찰이었다고 전한다. 성혈사는 국망봉에 기대어 안산인 지래봉을 마주하며 동남향으로 자리 잡았다. 조선 중기의 건물인 나한전을 제외하고는 모두 최근에 중창한 건물들이고, 다른 건물들이 동남향인데 반해서, 나한전은 정남향으로 앉았다. 정면 3칸, 측면 1칸의 맞배지붕집으로 소박하고 간략한 집이다.

이 법당이 주목을 받는 이유는 바로 전면 창호의 모습 때문이다. 정면 좌우 칸은 꽃살문을 달았고, 가운데 칸의 문은 연꽃과 물고기 등 민화풍의 조각으로 가득 채웠다. 법당의 정면창호에 기하학적 문양으로 일정한 규칙에 따라 화려한 꽃살을 단 예는 많았

논산 쌍계사 대웅전의 꽃창살

강화 정수사 법당의 화병문 창살

다. 대표적으로 꽃잎의 조각이 섬세한 부안 내소사 대웅보전이나, 화려한 단청을 입힌 논산 쌍계사 대웅전의 꽃살문은 사방 연속무늬와 같은 규칙을 따라 디자인한 사례다.

반면 성혈사 나한전의 창호는 강화도 정수사 법당의 창호문양과 함께 회화적 구성을 한 구상적 조각으로 유명하다. 정수사의 창호는 화병에서 피어 오른 모란과 연꽃의 줄기와 이파리, 활짝 핀 꽃들을 한 판으로 파서 장식했다. 정수사의 창호가 조선 양반가 규방의 장식화와 같다면, 성혈사 나한전 창호 문양은 조선 후기 백성들 사이에서 유행한 민화를 연상케 한다. 그만큼 사실적이고 해학적인 내용으로 가득하다.

나한전은 1553년 조선 명종 때 창건되었고 지금의 건물은 1634년 중건한 모습이다. 창건 당시는 독실한 불교도인 문정왕후가 섭정을 하던 때이고, 쇠퇴 일로였던 조선 불교의 일시적인 중흥기였다. 창건에 큰 역할을 지원자들의 명단이 상량문에서 밝혀졌다. 인근 유력한 양반들로 보이는 4명의 큰 손들이 재정을 담당하고, 주로 승려 대목들이 참여해 건립했다는 내용이다.

반면 한 세기 뒤 중창 때의 상황은 창건 당시와는 확연히 달라졌다. 외부의 큰 기부자는 거의 나타나지 않고, 오히려 승려들이 스스로 시주를 주도했다. 민간 기부자들 십 수 명이 소액을 분담하여 겨우 공사비를 충당했다. 그들의 이름은 '황개금, 황막복, 분이' 등으로 기록되어 대부분 인근의 소농들과 아녀자들이었던 것으로 보인다. 창건 때는 그래도 시대적 분위기에 편승해 양반층들이 주도했지만 중창 때는 승려들과 인근 평민들의 자급자족적 참여가 주를 이루었다. 나한전이 풍기는 서민적 분위기는 곧 조선 중기에 불교계가 처한 시대적 상황이었다.

나한전은 3칸×1칸으로 지어진 최소한의 법당이다. 지붕도 맞배지붕이어서 가장 간단한 구조이다. 기단은 수평으로 고르지 않고, 경사지의 지형을 따라 만들어 앞이 낮고 뒤가 높다. 앞뒤 처마를 수평으로 만들기 위해 건물의 기둥도 앞이 길고 뒤가 짧다. 앞뒤 기둥의 길이가 다른 법당은 대단히 파격적이고 편의적인 발상으로 이와 같은 예는 거의 찾을 수 없다. 반면에 처마 밑에는 화려한 다포계 공포를 받쳤고, 전면 창호는 대단히 장식적이다. 구조의 견실함보다는 장식의 화려함이 앞서는 건물이다. 보이지 않는 부분의 생략과 보이는 부분의 과장을 동시에 추구했던 조선 후기의 시대적 분위기를 따랐다.

국교의 위치에 있었던 고려시대의 불교는 귀족불교의 성격이 강했다. 건물은 웅장하고 내외부는 세련되고 수준 높은 장식으로 장엄했다. 반면 성리학적 이상 국가를 지향한 조선시대의 불교는 서민불교이고 산중불교였다. 서민들의 가난한 후원은 건축의 규모를 소략하게 했지만, 대중들의 정서는 오히려 현란한 장식을 요구했다. 부석사 무량수전이나 수덕사 대웅전과 같이 고려시대 불전들은 엄격하고 긴장감이 있는 고전적 미학을 갖고 있다. 반면 성혈사 나한전과 같은 조선시대 법당은 자유롭고 따스한 정감이 서린 서민적 미학에 충실했다.

  고려의 불전은 창문의 크기가 작고 판장문을 달아 내부가 어둡다. 불전은 불상을 모신 예불의 건물이어서 불상만 돋보이게 조명하기 위한 배려였다. 독경과 설법은 별도의 강당에서 행했다. 반면 조선시대에는 불전과 강당을 분리하지 못하고 하나의 법당으로 통합했다. 법당은 원래 선종 가람에서 대방에 작은 불상을 모신 용도에서 출현했는데, 선불교의 영향이 강해진 조선 사찰에 일반화되었다. 법당은 예불과 설법과 기도 등 주요한 의례를 모두 행하는 다목적 중심 건물이 되었다. 따라서 내부는 밝아야 하고 최대로 넓어야 했다.

창과 문을 합해서 '창호'라고 부른다. 창호는 벽으로 단절된 건물의 안과 밖을 소통시키는 통로이다. 그리하여 건물 내부를 밝게 비추고, 바깥의 신선한 공기

나한전은 1553년 창건하고 1634년 중창한 건물이다.
창건 당시는 일시적 불교 중흥기여서 인근의 유력 양반들이 주축이 되어 건립했다.
하지만 한 세기 후 중창 때에는 승려들이 스스로 시주하고,
인근 마을의 소농과 아녀자들로 후원층이 바뀌었다.
나한전의 작은 규모나 서민적인 분위기는
조선 중기 불교계가 처한 사회적 상황을 반영하는 것이다.

위　나한전 전경
아래　나한전의 창호 문살들

를 끌어들이며, 안에서 바깥의 경관을 내다보게 한다. 이처럼 채광, 환기, 조망이 창의 주된 용도라면, 안과 밖을 드나드는 출입이 문의 주된 기능이다. 창호의 성격은 건물의 성격과 서로 밀접한 관계가 있다. 그래서 창호를 '건축의 눈'이라고 부른다.

고려의 창호가 출입을 제한하기 위해 폐쇄적이고 내부를 어둡게 하도록 불투명하다면, 조선의 창호는 많은 신도들에게 개방적이고 내부를 밝게 하도록 넓고 투명해야 했다. 창호의 면적을 최대화 하기 위해 법당의 전면에는 벽을 두지 않고 모두 창호를 달았다. 또한 가느다란 살들을 엮어서 창호의 뼈대를 만들고, 반투명의 창호지를 발라서 채광을 극대화했다. 창호지는 닥나무로 만들어서 조직이 치밀하고 인장 강도가 높다. 닥나무 조직이 두꺼워서 어느 정도의 보온효과가 있고, 섬유질 사이로 바깥 공기를 선택적으로 투과시켜 환기가 가능한 숨쉬는 종이이다. 무엇보다도, 창살의 안쪽에 창호지를 바름으로써 창살의 바깥쪽에 온갖 장식이 가능하게 되었다. 창호지를 바깥쪽에 바르는 일본 건축의 외관은 창호지의 흰 면들로 이루어져서, 창호 외부에 대한 장식은 불가능하다.

성혈사 나한전의 정면은 모두 화려한 창호로 장식했다. 정면 3칸의 창호 장식이 모두 다른 것도 특징이다. 서쪽 칸 창호는 비교적 간단한 꽃살창으로 이 건물 창호의 기본을 이룬다. 마치 눈의 결정체 같이 여섯 갈래의 꽃잎이 정육각형을 이루는 연속 문양이다. 외곽의 육각형 살대는 꽈배기 모양의 원형으로 처리해, 얼핏 보면 원 안에 6갈래 꽃송이가 들어 있는 모습이다. 송림사 대웅전 등 다른 사찰에서도 볼 수 있는 전형적인 꽃살창이지만 성혈사의 것이 더 완벽한 원형을 이룬다.

동쪽 칸 창호는 서쪽 칸의 기본 살 위에 두툼한 국화 문양을 덧붙였다. 국화판은 3쪽의 통판을 조각해서 조합한 것으로, 기하학적이고 추상적인 꽃살 문양과 생생하고 풍성하게 표현한 꽃송이의 모습이 극단적인 대조를 이룬다. 이처럼 과감한 창호 장식은 강화 전등사 법당이나 대구 동화사 대웅전 정도와 비교할 수 있다. 전등사 법당은 꽃병에서 화려한 꽃이 피어나는 모습을, 동화사 대웅전은 매란국죽의 사군자를 창호에 조각했다. 사군자는 성리학적 문인화의 대표적 소재이며, 국화나 꽃병은 민간 장식화에서 온 것으로 봐야 한다. 성혈사 나한전의 창호 문양에서도 불교적 상징을 찾기는 어렵다.

무엇보다 나한전의 명성을 떨치게 한 건 중앙 칸의 창호들이다. 한 쌍의 창호 가득이 갖가지 모양의 연꽃과 연잎을 깔고, 사이사이에 물고기, 게, 물새 등 일상적 소재들을 새겨 넣었다. 특히 그 표현이 사물의 특징을 극대화한 만화와 같고, 묘사된 표정들은 익살스러운 민화를 연상시킨다. 정교하고 세련된 것이 아니라 투박하고 어리숙해 보이기까지 한다. 불교적 장엄이나 엄숙함과는 거리가 멀고, 조각으로 표현한 두 판의 민화라는 말이 맞을 것이다. 다른 사찰 건물에서는 비슷한 예도 볼 수 없는 유일한 예다. 굳이 찾자면, 용문사 윤장대의 조각이나 청곡사 대웅전 불단에서나 볼 수 있을까? 그러나 둘 다 건물이 아니라 가구에 장식된 조각들이다.

나한전 앞마당의 석등

좀 더 자세히 들여다보자. 연꽃은 활짝 핀 것도 있고 반쯤 핀 봉오리도 눈에 띈다. 연잎 역시 만개한 잎과 반쯤 말려 있는 것들이 어우러져 자연스러운 연못의 모습을 조각했다. 창호의 맨 아래에는 물고기들이 헤엄을 치고, 한 마리 게도 보인다. 이 부분은 수면 아래의 물 속 세계이다. 물고기는 '어락魚樂'이라는 장자의 표현과 같이, 어떤 속박도 없는 자유로운 존재이다. 중간에는 연꽃 위에 앉아 있는 개구리 한 마리와 연 줄기를 이용해 뜀을 뛰는 어린아이의 모습을 조각했다. 이 부분은 수면 위의 세계로서, 해학과 여유가 충만한 평화로운 세상이다. 그 위에는 하늘에서 내려오는 물새, 연밥을 파먹는 물새, 그리고 한 마리 날씬한 용의 모습이 그려졌다. 이 부분은 물 위 하늘의 모습이다. 용은 보통 물속의 이무기가 하늘로 승천하는 모습으로 그리지만, 여기서는 반대로 하늘에서 연못을 향해 내려오는 모습이다. 모든 생물들의 방향과 화면의 구도가 연못을 중심으로 전개된다.

이 같은 창호의 장식에 특별히 어떤 상징이 있다고 보기는 어렵다. 물론 연꽃은 화엄의 연화장 세계, 부처의 법과 진리, 극락왕생을 위한 구품연지를 상징할 수도 있다. 그러나 그 모습은 장엄하기보다는 소박하고 유머러스하다. 오히려 연못 생태계를 묘사한 두 폭의 민화라고 보는 게 합당하다. 어쩌면 그 시대의 민중들이 생각한 연화장세계와 극락세계는 이처럼 투박하면서도 정감 있는 세계였는지도 모른다. 조각한 수법도 대범하여 널판을 통째 뚫어 내서 조각한, 이른바 통판 투조 방식을 사용했다. 이 나무판 4쪽을 맞추어 하나의 창호를 구성했다.

   그런데 나한전의 창호들은 원래 이 건물의 것이 아니었다. 자세히 보면, 문얼굴 창호를 달기 위해 기둥 위에 설치하는 부재 없이 기둥에 바로 창호를 달았다. 또한 창호의 윗부분은 수직과 수평 울거미를 45도로 잘라서 맞춘 연귀맞춤이지만 아랫부분은 그냥 직각으로 맞췄다. 창호를 자른 탓에 건물 기둥의 폭과 창호 폭은 맞지만 기둥 높이와 창호 높이가 다르다. 아마도 이 창호들은 성혈사의 다른 건물에 달았던 것으로 보인다. 사세가 기울어 법당이 쇠락하면서 창호만이라도 다시 활용했고, 법당 건물은 끝내 사라졌을 것이다. 사라지는 건물의 창호를 잘라서라도 옮겨 올 만큼, 이 창호의 민화적 미학에 대한 시대적 열망이 강했을까?

한 쌍의 창호 안에 평화로운 생태계를 묘사했다.
문살의 아랫부분은 연못 아래의 수중 세계를,
가운데는 연못 위의 수면 세계를,
윗부분은 공중 세계를 나타낸다.

나한전 앞에는 한 쌍의 석등이 서 있다. 석등의 초석 대신 거북이를 조각해 받쳤고, 석등 기둥을 한 마리의 용이 감싸고 있다. 다른 석등에서 볼 수 없는 파격적인 구성이다. 그런데 거북이는 자라같이 짜리몽땅하고, 용의 얼굴은 바보 호랑이나 고양이 같이 소박한 모습이다. 이 석등들 역시 민화의 입체적인 조각이라 할 수 있다. 아마도 나한전의 창호를 옮겨 달 때인 20세기 초의 작품으로 보인다.

창살을 장식하는 것은 건물을 아름답게 하고, 건축을 장엄하는 효과가 크다. 반면 창의 근본적인 기능을 저해하는 역작용도 심각하다. 창이란 어두운 내부에 햇빛을 끌어들이는 채광이 목적인데, 창살을 장식할수록 채광의 양을 줄이기 때문이다. 특히 성혈사 나한전과 같이 거의 창 전체를 투각하여 장식한다면, 내부는 어두워 창을 다나마나한 효과에 그친다. 당시 지식인인 성리학자들의 눈으로 본다면, 창의 본질을 무시하고 말초적인 장식에만 치중한, 본말이 전도된 창일 것이다. 그러나 민중 편에 섰던 불교의 창은 달랐다. 무엇이 본질이고, 무엇이 말단일까? 한 폭의 창호에 자연을 담고, 생태계를 담고, 소박한 연화장 세계를 담으려 했던 성혈사 나한선의 생각이 본질이 아닐까?

순천 땅 조계산의 서쪽에 자리 잡은 송광사는 보조국사 지눌이 이곳에
정혜결사를 연 이후에 16명의 국사를 배출했으며, 이른바 승보사찰의 지위에 올라
한국을 대표하는 삼보사찰의 일원이 되었다. 절의 입구는 조계산에서 내려오는
맑은 시냇물을 건너 들어가도록 되어 있다. 물 위에 돌출된 임경루와 물을
가로지르는 우화각의 절묘한 조화가 한국 절집의 최고 풍경을 이루었다. 우화각과
담장 사이 뒤로 작은 건물군이 다소곳이 자리 잡았으니 바로 영각각들이다.

순천·송광사·영가각

윤회의 때를
씻는 곳

1200년, 보조국사 지눌은 순천 송광산 아래에 있는 작은 절, 길상사에서 정혜결사를 열고 설법을 시작했다. 그동안 고려 불교는 교종과 선종의 크고 작은 종파들로 나뉘어 서로 반목 대립했고, 한편으로는 귀족 벌열들과 결탁하여 세속적 이익에 탐닉하는 등 본연의 길을 크게 벗어나 있었다. 지눌은 참선 수행을 통해 깨달음에 이르는 불교 본래의 자세로 돌아갈 것을 주창하였고, 깨달음에는 선과 교의 구별이 없다는 '정혜쌍수定慧雙修'를 내세워 교종과 선종의 통합을 꾀했다. 당시 수도였던 개성에서 천리나 떨어진 순천에서 벌인 그의 정혜결사는 세속적 권력과 이별한 순수한 수도원 운동이었고, 그의 독창적인 선풍은 한국 불교의 근간이 되었다.

후대에 송광산은 조계산으로, 길상사는 수선사로, 그리고 다시 송광사로 이름을 바꾸었다. 중국 선종의 태두인 육조 혜능은 조계산 보림사에 머물었기 때문에 '조계 혜능'이라고도 부른다. 순천 조계산은 곧 '한국 선종의 발상지'라는 뜻에서 붙여진 이름이고, 수선사란 '끊임없이 참선 수련하는 공동체'라는 의미이다. 전국에서 구름같이 몰려든 지눌의 문도들은 조계종단을 만들었고, 현재 제일 종단인 조계종 역시 이 조계산과 조계종에서 이름과 정통성을 가져왔다. 그 후 송광사는 국가 최고 승려인 국사國師를 16명이나 배출하여 이른바 승보僧寶사찰로 불보佛寶 사찰인 통도사, 법보法寶 사찰인 해인사와 함께 삼보사찰의 반열에 올랐다.

믿음으로 지은 부처의 세계

척주당과 세월각. 절에 들어갈 영가들이
하룻밤을 지내면서 세속의 때와 한을
씻는다는 곳이다. 어찌 보면 하찮은
이 작은 영가각들을 절의 입구,
중요한 지점에 세운 까닭은 송광사에
얽힌 또 하나의 비밀을, 또한 삶과 죽음,
그리고 윤회에 대한 불교의
세계관을 이해하는 실마리가 될 것이다.

송광사는 명성에 걸맞게 전성기 때의 가람 건축도 대단했다. 경내에는 총 2,000여 칸, 100여 동의 건물이 밀집되어 있었고, 지붕들이 이어져 우천 시에도 비 한 방울 맞지 않고 경내를 다닐 수 있었다. 6·25 전쟁 때 절의 중심부가 폭격을 맞아 대웅전을 비롯한 반 이상의 전각들이 사라졌지만 다행히도 주변부에 있던 건물들은 화를 면해 현재까지 보존되었다. 이후에 여러 차례 중창으로 지금의 모습이 되었는데, 대웅전을 비롯한 중심부의 모습은 완전히 바뀌었다. 반면 주변부에 있는 약사전과 영산전, 하사당, 국사전, 관음전, 그리고 승방인 임경당과 법성료 등은 조선시대 모습 그대로 남아 있다. 보통 다른 사찰은 가람의 중심부가 보존되고 주변부가 심하게 변한 게 일반적인 상황이지만 송광사는 반대의 경우다.

우람한 대웅전과 휑하게 정비된 법당 앞마당보다는, 개울을 따라 펼쳐지는 임경당과 우화각의 절묘한 풍경이나 한 칸짜리 약사전의 모습에 더욱 눈길이 간다. 더욱 흥미를 끄는 대상은 절 입구에 서 있는, 축소 모형과 같이 작은 두 채의 건물이다. 두 건물의 규모는 각각 한 칸으로 최소한이며, 맞배지붕을 얹은 아주 단순한 모습이다. 두 건물은 직각으로 서서 서로 비스듬히 바라보는 형상이다. 아주 작아 눈에 잘 띄지 않으며, 그나마 둘레에 낮은 담장을 둘러서 진입로와 더욱 격리시켜 있는 둥 마는 둥 서 있다.

다른 어떤 사찰에서 볼 수 없는 이 두 건물의 이름은 척주당滌珠堂과 세월각洗月閣이다. 절에 들어갈 영가들이 하룻밤을 지내면서 세속의 찌든 때를 씻는다는 곳이다. 비록 죽은 이들의 영가라도 남녀가 유별하여 남자의 영가는 척주당에, 여자의 영가는 세월각에 머무른다고 한다. 남자의 생식기를 구슬에 비유하고, 여자의 생리를 달에 비유하여 남녀의 상징들을 씻긴다는 건물 이름부터 특별하다. 두 건물이 서로 비스듬히 서 있는 이유도 알 것 같다. 남녀가 내외했던 조선시대의 관습대로 죽은 남녀의 영가도 이처럼 내외하는 것이다.

과연 영가靈駕가 무엇이기에 그를 위해 이처럼 별난 건물을 만든 것일까? 살아 있는 존재는 죽음으로 끝나는 게 아니라 다시 무엇인가로 태어나고, 또 다시 살다 죽어 다른 무엇으로 태어난다. 끝없이 반복하는 삶과 죽음을 윤회라 했고, 윤회를 믿는 것이 불교적 사유의 시작점이다. 불교가 궁극적으로 목표하는 해탈이란 윤회의 순환 고리를 끊고 영원히 자유로운 존재인 부처가 되는 것이다. 해탈하는 주체도, 윤회하는 주체도 영혼이며, 육체는 한 생애의 혼이 담기는 그릇에 불과하다. 윤회는 엄격한 인과법칙에 따라 일어난다. 앞선 삶에 쌓아 둔 업이 원인이 되고 다음 삶의 조건은 결과가 되어 나타난다. 영혼靈은 육체를 떠나서도 업의 멍에駕를 짊어진다. 따라서 영가란 해탈하지 못한 모든 영혼을 의미한다.

고대 인도인들은 윤회의 운명론 속에서 삶과 죽음을 생각했다. 예컨대 거지로 태어난 사람은 부모를 잘못 만난 것이 아니라, 전생에 나쁜 업을 많이 쌓은 결과로 현생에 거지로 태어난 것이다. 부모를 원망할 것이 아니라 자신의 전생을 반성해야 한다. 거지는 정성으로 구걸을 해야 하고, 다른 이로부터 기꺼이 멸시와 천대를 받아야 한다. 그렇게 사는 것이 바로 전생의 업을 씻는 일이다. 모태 거지가 열심히 공부해서 검정고시에 합격하고 출세를 하는 것은 과거의 업을 씻지 못한 채 또 하나의 업을 쌓는, 다시 나쁜 원인을 만드는 일이다. 당연히 다음 생에는 더 나쁜 상황으로 윤회할 수밖에 없다. 이러한 인과의 순환 법칙은 인도 사회의 카스트제도를 견고하게 만든 세계관이라 할 수 있다. 뒤집어 말하면, 윤회의 법칙을 믿는 이상 카스트제도는 없어지지 않을 것이다.

그러나 석가모니 부처는 깨달았다. 현생에 좋은 업을 많이 쌓아 내생에 좋은 신분으로 태어나는 것이 궁극적인 해결이 아니라는 걸 깨달았다. 누구도 부럽지 않은 부자로 다시 태어난들, 왕자의 신분을 태어난 들 괴로움이 없을 수 없다. 육체를 가진 존재는 누구든 아프고 늙어가서 고통스럽다. 돈이 많고 권력이 강하다고 해도 가족 때문에, 사랑하는 사람과의 이별 때문에 슬프고 괴롭다. 특히 죽음 앞에서는 누구도 무력해질 수밖에 없다. 다시 태어난다는 것은 곧 또 다른 괴로움의 시작에 불과하다. 따라서 더 나은 윤회를 바랄 것이 아니라, 아예 윤회의 사슬을 끊어 영원한 존재가 되어야 한다는 각성이 바로 석가모니의 위대한 깨달음이었다. 그리고 그는 바로 해탈의 존재, 부처가 되었다.

해탈의 길은 길고도 험하다. 석가모니도 현세의 노력만으로 부처가 된 것이 아니다. 그는 아득한 옛날부터 왕이나 왕족, 수행자로 뿐만 아니라 원숭이, 사슴, 비둘기, 코끼리 등 다양한 생물로 태어나 온갖 선행과 희생으로 수없이 많고 높은 선업을 쌓았다. 석가모니 전생의 이야기를 담은 『자타카Jataka』에는 이러한 미담과 선행이 540여 가지나 수록되어 있다. 예를 들어 한 번은 호랑이로 태어난 적이 있는데, 이 호랑이는 "평생 육식을 하지 않겠다."고 서원을 했다. 육식동물인 석가 호랑이는 그 서원을 지키다가 굶어 죽음으로써 한 생을 마감했다고 한다. 이처럼 매 생애를 헌신함으로써 그 누대에 걸쳐 쌓인 선업의 결과로 현세에서 해탈한 것이다. 석가모니도 그럴진대, 전생에 좋은 업을 쌓지 못한 필부들이 현세에 해탈하기는 거의 불가능하다. 어차피 윤회를 할 거라면 그저 다음 생에 좀 더 행복하고 편안한 존재로 태어나기를 원할 뿐이다.

죽음이란 영혼과 육체가 분리되는 것이고, 해탈하지 못한 영혼, 즉 영가는 3일간 이승에 머물다가 일종의 영혼 대기소인 명부冥府에 떨어진다. 명부에는 10명의 대왕이 있어서 영가가 생전에 쌓은 업의 경중과 내용을 심판하여, 다음 생에 윤회할 곳을 결정한다. 이들을 '명부시왕冥府十王'이라 부른다. 이들 가운데 제5대왕이 바로 유명한 염라대왕이다. 명부시왕 가운데, 제1부터 7대왕까지는 7일마다 영가를 심판하고, 제8대왕은 사후 100일에, 제9대왕은 1주기에, 10대왕은 3주기에 심판하여 최종적으로 죽은 영가가 윤회할 세계를 정하게 된다. 이 가운데 7번째 7일, 즉 49일의 심판은 지옥 윤회 여부를 결정짓는 중요한 계기

점이다. 지옥에 떨어질 것을 결정하면 그 영가는 더 이상 심판을 하지 않는다. 제8, 9, 10번째의 심판은 지옥에 가지 않는 차상위 영가들을 대상으로 한다.

영가 천도재란 영가를 이끌고 부처님 앞으로 인도하여 업의 멍에를 가볍게 하거나, 벗겨 주기를 바라는 의식이다. 불가에서는 영가의 심판이 진행되는 기간, 즉 사후 매 7일마다 천도재를 지내어 명부시왕들의 가피를 기원한다. 그러나 어지간히 재력과 정성이 없으면 매 7일마다 재를 지내기는 불가능하다. 그래도 7번째 7일에 지내는 49재는 온 정성을 다해 올려야한다. 이 날이 바로 돌아가신 영가가 지옥에 가느냐 마느냐을 결정하는 중요한 날이기 때문이다.

불교를 탄압하고, 불가의 세계관을 부정했던 조선시대의 양반들은 "윤회란 없다, 인생은 단 한 번의 삶을 사는 것이다."라고 믿었다. 이들은 죽음 이후의 영혼은 자연으로 돌아가 사라져 없어지는 것이라 생각했다. 제사는 영혼이 완전히 자연 속으로 사라져 갈 때까지 영혼을 달래는 의식으로, 유교적 제사와 불교의 천도재는 그 기본적인 세계관부터 다른 것이다. 그럼에도 불구하고, 양반가에서도 사후 세계에 대한 심각한 불안 때문에 영가를 담은 위패를 절에 의탁하여 각종 천도재를 지내게 했다. 일부 유교 양반들은 불교의 세계관은 부정하면서도 한편 마치 보험을 들 듯, 사후 세계를 불교에 의탁한 것이다.

영가는 원래 무형의 것이다. 그러나 유교적 제사 관습에 익숙했던 조선시대에는 위패와 비슷한 유형의 영가패를 만들었다. 영가를 절에 모신다는 것은 영가패를 법당 안에 모시는 걸 뜻한다. 조선시대 법당 안에는 3종류의 단을 두었다. 먼저 부처님 앞에는 불단을 두었고, 좌우측 벽에 신중단과 영(가)단을 설치했다. 신중단 위에는 신중탱화를 걸고, 영가단 위에는 영가패들을 붙였다. 이들 3단에는 각각 향로를 피우고 공양물을 올린다. 특별한 재일이 아니어도 불자들은 법당 안에 들어가면 불단 - 신중단 - 영단의 순으로 절을 올린다. 그런데 아마도 영가단이란 한국 법당에만 설치된 특별한 시설일 것이다.

송광사 대웅보전 내부. 대형공간을 만들기 위해 앞 열에 고주를 세웠다. 중앙에는 삼존불을 모신 불단을 두었고, 우측벽에는 신중탱화를 모신 신중단을 두었다. 보통 법당에는 신중단 건너편에 영가단을 두어, 불단 - 신중단 - 영(가)단의 3단으로 구성한다.

믿음으로 지은 부처의 세계

송광사 가람의 중심부는 6·25 전쟁 때 폭격으로 사라지고,
새 대웅전을 중심으로 새롭게 조성되었다.
오히려 주변에 배열된 영산전과 약사전, 국사전 들이 살아남았다.
다른 가람들은 중심부만 남고 주변이 변화한 것에 비해서,
송광사는 반대의 경우가 되었다.

송광사 척주당과 세월각은 지극히 유교적인 관습이 불교 속으로 들어와 한국적인 의식을 만든 증거이다. 영가가 평소 익숙하지 않은 절 환경에 적응하기 위해 하룻밤을 먼저 재우고, 상징적으로 영가를 씻김으로써 유교적 세속의 때를 털어내고 부처의 세계로 들어간다. 영가에도 성별이 있듯이 남자와 여자를 구별하여 다른 건물에 재운다. 그리고 두 영가각은 최소의 요소로 만든 최소의 건물이다. 이른바 미니멀 건축의 완전한 사례라고 할 수 있다. 3면은 벽이고 전면은 모두 문이다. 군더더기 요소가 들어설 틈조차 없다. 무엇보다 더 이상 줄이려야 줄일 수 없는 규모이다. 이 모든 특징들은 곧 조선시대 유교건축의 특징이라 해도 좋다. 비록 사찰 안에 있지만 이 건물은 곧 유교적 관습이 만들어 낸 건물이다.

영가를 인격체로 대우하고, 이를 담는 건물까지 인격화시킨 것은 엄격한 의미에서 비불교적인 것이다. 49재를 올려서 가족들의 영가를 천도하는 것은 변형된 효성의 발로이자, 지극히 유교적인 가치의 실현이었다. 그리고 각종 재는 영리 행위가 금지된 사찰에 가장 중요한 수입원이었다. 외부사회가 불교를 적대시할 때 사회적 관습을 불교 내부로 수용하고, 시주를 거둬 들여야 사찰이 생존하고 유지할 수 있었다. 비본질적인 것들이 오히려 본질을 보호하고 꽃을 피우게 한다. 해탈도 육체가 있어야 가능하고, 수행도 사찰 수입이 있어야 가능하듯이, 송광사 가람의 청정도량도 척주당과 세월각이 있어야 가능하다. 그러고 보면 전란을 겪고도 살아남은 약사전, 영산전, 하사당은 모두 주변의 것들이고 최소의 것들이다. 비본질적인 것들이 중심이 사라진 송광사의 본질이 되었고, 최소의 것들이 곧 최대가 되었다. 이 최소한의 정신이 곧 보조국사 지눌의 가르침이요, 조계산의 깨달음이 아닐까? 혜능의 손제자인 설봉은 게송에서 읊었다. "조계의 거울 속엔 티끌 한 점 없어라 曹溪鏡裏絶塵埃." 척주당과 세월각은 영가에 묻은 티끌마저도 씻어 주는 곳이다.

IV
건축이 사라지면
가람이 나타난다

경주 골굴사

합천 영암사지

충주 미륵대원

화순 운주사

조선시대 유람객인 정시한은 골굴암의 당시 모습을 생생하게
묘사했다. "층층이 굴이 있고 굴 앞에는 처마와 창, 벽들을 꾸며
만들어 채색도 하였는데, 보름날에 채색을 마친 대여섯 채는
완연히 그림과 같은 모습으로 바위 사이에 걸려 있었다."
현재 굴 앞에 세웠던 목조 건물은 거의 사라졌다.

경주·골굴사·

다시 부활하는
석굴사원의 꿈

경주에서 동해안의 감포로 가는 길은 현재는 터널이 뚫렸지만 원래는 험준한 추령을 넘어야만 함월산含月山에 이를 수 있었다. '달을 머금은 산'이라는 뜻의 이 낭만적인 산기슭에는 두 개의 주목할 절이 있다. 여러 큰 전각들로 이루어진 기림사와 한국 유일의 석굴사원이라는 골굴사. 두 절 모두 630년경 천축에서 온 승려 광유光有 성인이 창건하였고, 후에 원효대사元曉, 617~686가 중흥했다고 전하는 절이다. 기림사란 부처님 생전의 2대 사원인 기원정사祇園精舍, Jetavana와 죽림정사竹林精舍, Venavana에서 따온 이름이고, 골굴사는 바위산이 마치 해골과 같이 생겨서 얻은 이름이다.

골굴사는 한반도에서 보기 어려운 응회암 절벽을 이용해서 만들어진 특이한 모양의 사찰이다. 바위 성상에는 커다란 마애불이 인자한 모습으로 새겨져 있고, 절벽 곳곳에 수없이 움푹 파인 자연 동굴들은 지장굴, 나한굴, 관음굴 등의 예배석굴로 사용하고 있다. 이들은 서로 좁고 험한 바윗길로 연결되어 절벽 전체가 하나의 사찰을 이루는 독특한 모습이다. 창건된 신라시대부터 조선시대까지 이 절은 더욱 특별한 모습이었다. 동굴들 앞에 크고 작은 목조건물이 섰고, 이들 사이를 벼랑에 아슬아슬하게 걸린 잔도들이 연결했다. 과거 골굴사는 이 땅에 조성된 석굴사원 중에 거의 유일하게 완벽하게 구성되었던 사찰이다. 현재는 비록 흔적만 남고 많이 변했지만, 유일한 석굴사원으로서 과거 불교계가 가졌던 염원을 되새길 수 있는 소중한 곳이다.

건축이 사라지면 가람이 나타난다 175

신라인들은 자신의 국토를 부처의 나라로 만들어 영원히 행복하게 살고 싶었다. 살아서는 사바세계의 석가부처님의 가피로, 죽어서는 극락세계에 왕생하여 그 아름다운 세상에서 영생을 보내려는 간구였다. 그러기 위해서 웅장한 불탑과 인자한 불상, 많은 절들을 경주 곳곳에 세웠다. 그 무수한 건축물 가운데 꼭 있어야 할 것은 바로 석굴사원이었다. 지상에 세워진 목조 건물은 세월이 지나면 변하고 쓰러져 사라져 버리지만, 암벽을 뚫고 들어가 만든 석굴은 영원히 변하지 않는 불교의 이상적인 건축 공간이기 때문이다.

인도에서 발생한 불교는 중앙아시아의 비단길을 통해 중국 각지에 전파되면서 수많은 석굴사원들을 만들었다. 인도에는 아잔타석굴을 비롯하여 1,000여 개의 석굴사원을 조성했고, 중앙아시아에는 아프가니스탄의 바미얀 석굴, 쿠차의 키질석굴, 투르판의 베제크리크석굴 등 그 규모와 예술적인 면에서 온 세계인들을 감탄케 하는 불교기지들을 구축했다. 중국에는 '3대 석굴'이라 하는 돈황의 막고굴 莫高窟, 대동의 운강석굴 雲岡石窟, 낙양의 용문석굴 龍門石窟을 비롯하여 수십 군데에 대형 석굴들을 조성했다.

그러나 신라에는 변변한 인공 석굴사원이 단 하나도 없었다. 석굴은 암벽을 수직으로 굴착해서 만들어야 하는데, 한반도의 바위들은 단단한 화강암이어서 도저히 인공적인 석굴을 파내기 불가능했기 때문이다. 순전히 정과 곡괭이만으로 그 단단한 화강암을 뚫을 수 없을뿐더러, 암석의 결이 강한 화강암은 조금 파고 들어가면 곧 쪼개지고 무너져 버리기 일쑤였다. 부처의 나라임을 자처하는 신라인들이 꼭 이루어야 할 자존적 목표는 바로 석굴사원이었다.

삼국시대에 불교가 수입된 이후로 석굴사원 조성에 대한 열망은 식을 줄 몰랐다. 백제인들은 바위벽을 약간만 파고 들어가 불상을 조각하고 그 위에 목조 지붕을 씌워 간이 석굴을 만들었다. '백제의 미소'로 유명한 서산마애불이 그 대표적인 예다. 신라인들은 단석산의 신선사 마애불상군과 같이 3면이 바위벽으로 둘러싼 장소를 골라 불상들을 조각하고, 그 위에 목조지붕을 씌워 반자연 - 반인공의 석실사원을 만들었다. 아니면, '제2석굴암'의 별명을 가진 군위 삼존굴 같이 자연 동굴 내부를 약간 손봐 석굴사원으로 삼았다. 그러나 이들은 모두 규모도 작고, 인공적인 정교함이 못 미쳐 정통 석굴이라 하기에 아쉬움이 많았다.

삼국통일 후, 드디어 신라는 석굴사원에 대한 국가적 염원을 이룰 수 있었으니, 바로 토함산의 석굴암을 완성한 것이다. 그러나 이 역시 엄격한 의미에서 석굴사원은 아니다. 토함산 중턱 경사지에 화강석들을 정교하게 잘라서 반구형의 석실을 쌓고 그 위를 두툼한 흙으로 덮었다. 마치 산을 파고 들어간 석굴같이 보이지만 '석실사원'이라 불러야 할 것이다. 그럼에도 불구하고 그 독창적 구조, 엄숙한 공간, 정교하고 생생한 조각과 불상들로 세계적인 보물이 되었다.

토함산 석굴암은 엄격한 의미로 석굴이 아니라 석실이다.

토함산 석굴암은 세계에도 유례가 없는 독창성과 예술성을 자랑하지만 석굴사원이 되기 위해서는 한 가지 숙제가 남아 있었다. 사원이라 하면 주불전은 물론 보조 불전과 법당과 승방 등 여러 기능을 수용할 수 있는 공간이 있어야 한다. 석굴사원도 마찬가지로 예배굴과 승방굴 등 적어도 4~5개의 석굴들이 모여 하나의 사원을 이룬다. 인도, 중앙아시아, 중국의 석굴들 모두 이런 구성을 따랐기에 '석굴'이 아니라 '석굴군'이라 부른다. 토함산 석굴암의 석굴은 본존불을 모신 석실 단 하나로, 승방들과 같은 사찰의 나머지 공간들은 바깥에 목조 건물을 지어 사용할 수밖에 없었다. 예배굴 하나 만드는 데 국가적 역량을 동원해도 23년이나 걸렸는데, 나머지 석굴들을 만들 여력이 없었다.

이를 보완할 수 있는 유일한 예가 바로 골굴사의 석굴군이었다. 과거 '골굴암'으로 불렸던 이 절은 사적기가 전해지지 않아 정확한 창건 유래를 알 수는 없다. 원효대사가 이곳에 머물면서 석굴 암자를 크게 중흥시켰다는 전설도 있지만, 이곳이 본격적인 석굴사원으로 자리 잡은 시기는 토함산 석굴암이 창건된 8세기경이 아닐까 싶다. 이때는 신라의 최전성기로서 석굴사원 조성과 운영에 드는 막대한 재정을 부담할 수 있었고, 경주의 동쪽 산맥을 넘어 동해안까지 개발할 수 있는 시기였기 때문이다.

　조선시대까지 골굴사는 활발하게 경영되었다. 조선 중기의 학자였던 정시한鄭時翰, 1625~1707은 이곳을 방문한 감상을 그의 저서 『산중일기』에 기록하고 있다. 그는 당쟁이나 허황된 명분론에 휩쓸리지 않고, 전국의 산하를 유람하면서 현실과 일상에 대해 사색했던 독창적인 성리학자였다. 그의 사상은 이후 이익과 정약용에게 전해져 실학 형성에 큰 영향을 주었다. 그만큼 그의 기록은 사실적이고 자세한 것으로 평가받고 있다.

　『산중일기』는 1686년 3월, 자신의 처소인 원주를 출발하여 영남과 호남의 명소들을 유람하고 1688년 9월에 귀향할 때까지 2년이 넘는 유람기를 기록하고 있다. 1688년 5월 16일, 전날 토함산 석굴암에서 자고 아침에 출발하여 골굴암에 이르렀다.

　"층층이 굴이 있고 굴 앞에는 처마와 창, 벽들을 꾸며 만들어 채색도 하였는데, 보름날에 채색을 마친 대여섯 채는 완연히 그림과 같은 모습으로 바위 사이에 걸려 있었다."

　뒤이어 법당굴, 사자굴, 설법굴, 정청굴, 승방굴, 달마굴, 선당굴 등을 언급하고 있다. 정시한의 답사기를 재구성하면 골굴사는 적어도 7개 이상의 석굴들을 예불과 수행, 생

정선의 〈골굴석굴도〉

관음굴 전경과 내부. 관음굴은 과거 목조 전실이
있었던 골굴암의 모습을 간직하고 있다.
굴 내부는 비록 자연 석굴을 조정한 것이지만
전실은 완연한 인공물이며, 이로써 전체적인
석굴 가람을 완성하게 된다.

건축이 사라지면 가람이 나타난다

골굴암석굴군 정상에 새긴 마애불

활공간으로 사용했으며, 각 석굴 앞에는 단청을 한 목조 전실이 있었음을 알 수 있다. 석굴 앞에 목조 전실을 두고, 크고 작은 전실들을 서로 연결한 모습은 중국의 운강 석굴이나 병령사炳靈寺 석굴 등에서 흔히 나타나는 집체 석굴 형식이다. 아마도 정상부 마애불을 모신 건물을 법당굴로 삼았고, 그 아래 작은 동굴들을 승려들의 거주 공간이나 설법, 참선 수행에 썼던 것으로 보인다. 법당굴은 인도의 예배굴chaitya에 해당하고, 설법굴이나 달마굴과 같은 나머지는 승방굴vihara에 해당한다. 따라서 과거의 골굴암은 비록 자연 동굴을 이용했지만, 완벽한 석굴사원의 체제를 갖춘 한반도 유일의 사원이었다.

현재 골굴사는 가장 큰 동굴인 관음굴만 목조 전실을 두어 본격적인 예배굴로 사용하고, 정상부의 마애불 위에 풍화를 방지하기 위한 유리 보호각을 씌웠다. 나머지 굴들은 동굴 자체만 노출된 채, 각각 약사굴, 지장굴, 나한굴, 칠성단, 신중단 등으로 사용하고 있다. 또 절벽 아래에 전각을 지어 주법당으로 삼고, 승방 건물들을 꾸몄다.

9세기 신라는 잦은 왕위 쟁탈전을 겪으며 엄청난 사회적 혼란에 빠졌다.
경주의 귀족들은 더 이상 불국사와 같은 명품을 만들 여력을 상실했고,
지방에 대한 통제권도 힘을 잃었다. 이제 문화와 예술의 중심은
지방으로 옮겨지게 되었고 그 배후에는 새롭게 성장한 호족들의 후원이 있었다.
합천 영암사에 대한 자세한 기록은 남아 있지 않지만,
이 절 역시 그러한 시대적 흐름 속에서 세워졌으리라.

합천·영암사지·

황매산 속의
매너리즘

합천陜川군은 그 지명 그대로 높은 산맥들 틈바구니에 좁은 계곡들을 갖고 있는 험준한 땅이다. 동시에 낙동강 일대의 영남지방에서 호남지방으로 넘어가려면 반드시 거쳐야 하는 곳이기도 하다. 일찍이 인근 고령군과 함께 대가야를 형성해 가야 연맹을 이끌었고, 삼국시대에는 백제와 신라 사이에서 가장 중요한 전략적 요충지로서 치열한 공방전이 벌어진 곳이었다.

신라는 변방이었던 이곳에 대야성을 설치하고 국경 수비를 꾀했지만 성주로 임명된 김품석은 어이없게도 토착민 지도자의 아내를 뺏는 등 민심을 저버렸다. 백제군의 대대적인 침략이 있자 토착민들은 성문을 열어 백제군에 성을 넘겨주고, 성주 김품석 일가는 무기력하게 항복한 후 죽임을 당했다. 그는 당시 정계 실세였던 김춘추의 사위였고, 김춘추는 신흥무장 김유신을 파견하여 역공을 취하게 된다. 또한 그 자신은 고구려나 당나라와 대대적인 외교 동맹을 맺어 결국 백제를 멸망시키게 된다. 대야성 전투는 삼국통일의 두 주역인 김춘추와 김유신을 역사의 전면에 등장시킨 계기가 되었고, 그 이후에도 합천 땅은 신라 왕실의 가장 중요한 피난처가 되었다. 신라 후대의 진성여왕은 잦은 내란과 정치적 혼란을 피해 합천 해인사에 피난용 행궁을 마련할 정도였다.

합천 가야산의 해인사는 〈팔만대장경판〉을 갖고 있는 법보사찰이며, 유네스코 세계문화유산에 등재된 유명한 사찰이다. 그러나 합천의 산은 가야산만 아니고, 합천의 절은 해인사만 아니다. 합천군의 서쪽에는 황매산이라는 걸출한 바위산이 있고, 그 아래에 영암사로 알려진 절터가 당당하게 자리 잡고 있다.

황매산 자락에 펼쳐진 영암사 터는 신비로운 의문에 싸여 있다. 우선 이곳은 첩첩산중의 분지에 위치하면서도 그 규모는 상상을 초월할 정도로 거대하다. 십여 년 동안 발굴하여 정비를 마친 결과 대략 7개 영역으로 이루어진 대규모 사찰임을 확인했지만 아직도 미발굴지역이 있어서 전모를 알지 못할 정도다.

현재 절터에는 웅장한 석축들과 신기한 돌계단, 유려한 형태의 석등, 화려한 조각들이 새겨진 기단과 계단석, 한 쌍의 대조적인 거북 모양 탑비 등 이곳에서만 볼 수 있는 유적들로 가득하다. 그 풍부함과 정교함이 가히 경주의 불국사에 견줄 만하다 하여 붙은 별명이 '제2의 불국사'이다. 누가 이 깊은 산속에 이처럼 크고 화려한 절을 만들었을까? 이 절터의 유래와 역사를 알려 주는 기록은 전무하다. 심지어 이 절의 이름을 확인할 기록이나 유물조차 없다. '영암사'라는 절 이름 마을 주민들에게 전승되었을 뿐, 『삼국사기』나 『삼국유사』, 후대 조선시대의 지리지에도 등장하지 않는다. 따라서 이 절의 창건 시기나 폐사 시기도 기록이 없다. 현재 남아 있는 유적과 발굴한 유물을 통해 대개 9세기 전반에 창건하여 고려 말까지 운영했다고 추정할 뿐이다.

영암사는 설악산 깊은 곳에 위치한 선림원 터에 남겨진 〈홍각선사비〉886년 조성에 그 이름이 잠깐 등장하고, 고려 초 국사였던 적연선사寂然, 932~1014가 영암사에서 입적했다는 기록

영암사 터 곳곳에 남겨진 석조 조각들은 '제2의 불국사'로 불릴 만큼 뛰어난 솜씨들을 자랑한다.
위에서부터 금당으로 오르는 활꼴 계단, 하늘에서 춤추는 가릉빈가의 모습을 새긴 금강계단의 소매돌, 금단 기단의 돌사자 얼굴

이 잠깐 나올 뿐이다. 그리고 고려시대 4대 종파의 하나였던 천태종의 중심 사찰이었다는 고려사의 기록이 등장한다. 지방의 천태종 중심지로 여주 고달사, 원주 거돈사, 그리고 합천 영암사를 거론하는데 모두가 현재는 폐사지여서 묘한 인연이다. 이런 단편적 기록에 나오는 영암사가 현재의 영암사 터라고 인정한다면 비밀의 실마리를 풀 수도 있다.

합천 영암사는 신라 하대에 창건된 선종 사찰이었다고 봐야 한다. 유명 선사들의 주석처였고, 서금당 터의 2기의 돌비석 유구는 선종 승려의 탑비였던 것이 확실하기 때문이다. 고려 중기의 천태종은 종종 기존의 유수한 선종 사찰들을 인수하여 지방의 중심 사찰로 삼았기에 더욱 신빙성이 높다.

이른바 삼한 통일을 이룬지 한 세기가 지난 8세기 중반, 신라는 최고의 전성기를 구가한다. 외침도 없고 큰 내란도 없는 평화의 시대를 누리면서 국력은 최고조로 달했고, 문화와 예술은 국제적 수준을 뛰어넘어 동아시아 최고의 위치를 과시했다. 불국사와 석굴암과 에밀레종이 만들어졌고, 당나라 황제도 탐냈다는 만불산 등 신라산 공예품이 중국 장안을 휩쓸었다.

그러나 이후 신라는 급격히 쇄락하기 시작했다. 9세기 신라는 잦은 왕위 쟁탈전을 겪으면서 엄청난 정치적·사회적 혼란에 빠졌다. 경주의 귀족들은 모든 물적·정신적 자원을 정치와 군사 싸움에 쏟아 부었다. 문화 예술에 쓸 재력이 없던 경주에서는 더 이상 불국사와 같은 명품이 태어나지 못했다.

지방에 대한 중앙 정부의 통제권도 힘을 잃었다. 그 사이에 지방의 토착 세력들이 성장하여 호족 집단을 형성했고, 호족들은 지역에 대한 군사적·경제적 주도권을 행사하기 시작했다. 지방 호족들은 막대한 재정을 후원하여 각지에 대형 사찰들을 건립하였고, 그들 가운데 몇몇은 그 유명한 선문구산의 지위에 오르기도 했다.

위　가람의 중심 축을 이루는 3층 석탑과 계단.
석조물만 남은 폐허의 풍경은 바위의 골기가
넘치는 황매산의 일부가 된 듯하다.
아래　돌못을 사용한 석축

영암사 건립의 주체 세력 역시 합천 지역의 호족들이었을 가능성이 높다. 그들은 중국에 유학하여 새로운 불교인 선종을 배워온 선사들을 초청하여 산속에 선종 가람을 세웠을 것이다. 까다로운 경전의 가르침을 강조하는 기존의 교종이 경주를 중심으로 한 귀족들의 불교라면, 직관적인 깨달음을 주창하는 새로운 선종은 호족들에게 안성맞춤이었기 때문이다.

영암사를 병풍처럼 둘러싸고 있는 황매산은 비록 크지는 않지만 웅장하다. 바위산의 단단한 덩어리가 뿜어내는 골격의 기운이라고 할까? 비록 지상의 건물들은 사라지고 석축과 기단과 석물들만 남아 있지만 영암사의 폐허가 발산하는 골격미 역시 너무나 당당하고 웅장하다. 머리보다는 가슴이 뜨거웠고, 지식보다는 몸이 앞섰던 호족들의 기상이 산과 땅으로, 그리고 폐허로 되살아나는 것 같다.

영암사는 경사지를 적당히 끊어 몇 개의 단을 쌓아 평지를 만들었다. 가장 먼저 눈에 띄는 것은 웅장하고 정교한 석축의 모습이다. 긴 장방형으로 다듬은 돌들은 크기가 일정하지 않고, 부분적으로 요철을 맞추어 그렝이질한 형태도 있다. 가장 특징적인 것은 일명 '돌못'이라고 불리는, 적절한 간격으로 튀어나와 있는 정방형의 돌들이다. 긴 뿌리와 머리로 이루어져 흡사 쇠못과 같은 모양으로 가공했기 때문이다. 긴 뿌리돌을 석축 안으로 깊게 박아서 옆의 축대석들을 돌못의 머리 부분이 꽉 잡고 있다. 축대 안에 채워진 흙들이 축대를 옆으로 밀어내는 압력을 지지하기 위해 고안되었다. 이는 경주 석굴암의 돔 모양 천장과 월정교 양안의 축대를 쌓는 데도 쓰인 공법이다. 경주에서 개발된 당시 최첨단의 공법을 합천 깊은 산속에 도입한 것이다.

중심 부분의 마당 정중앙에는 전형적인 신라식 3층 석탑 하나가 서 있다. 그리고 한 단 위의 금당 터 앞에는 쌍사자 석등이 서 있어 가람의 중심축을 강조한다. 석탑은 불국사 석가탑과 같은 형식이다. 석등이나 금당 기단석의 조각

선불교의 목표는 사자의 행보를 본받아 '용맹정진' 하여, 부처의 경지인 '사자빈신삼매'에 도달하는 것이다. 영암사 금당을 에워싸는 기단의 사자상들과 쌍사자 석등은 이 절의 소망을 담은 상징이다.

위　금당 앞의 쌍사자 석등
아래　금당 기단의 돌사자

들은 마치 석굴암 벽면의 조각들을 보듯 정교하고 생동감 있는 우수한 솜씨들이다. 영암사를 '제2의 불국사'라고 부르는 이유도 이러한 형식과 솜씨들이 경주의 고급 사찰을 연상케 하기 때문이다. 8세기 중반 완성된 불국사와 석굴암은 신라 건축과 예술의 최고 정점을 이루었고, 이후에 조성되는 가람들은 그 형식을 따를 수밖에 없었다. 불국사와 석굴암의 형식과 수준이 너무도 완벽했기 때문이다. 특히 지방에서 새롭게 성장한 호족세력의 문화적 롤 모델은 경주의 귀족문화이었기에, 황매산 아래에 경주의 수준을 능가하는 솜씨로 영암사를 조성했을 것이다.

그러나 아무리 하나의 전형을 따랐다 하더라도 시대적·지역적 차이는 나타나게 마련이다. 신라 후기의 가람은 일반적으로 쌍탑식 형식을 따르지만, 영암사는 오히려 '1탑1금당'식으로 백제 가람 형식에 가깝다. 그러면서도 금당 앞 중심축에는 돌출된 석단을 내밀고, 양옆에 휘어진 무지개 모양의 돌계단을 두었다. 일탑식 가람 형식 속에 쌍탑식 가람의 동선 구조를 암시하는 것 같은 구성이다. 3층 석탑 역시 기단부의 크기가 몸체부에 비해 커서, 불국사 석가탑의 전형적 비례를 깨고 있다.

  정방형의 기단을 갖는 금당의 비례도 특이하지만 더욱 눈길을 끄는 것은 기단 면석에 새겨진 사자들의 모습이다. 금당지 앞의 쌍사자 석등도 사자를 주제로 했지만 금당 기단 전체를 사자들이 에워싸고 있는 형상이다. 흔히 사자는 선불교의 상징이 된다. 일절 장애에 구애됨이 없이 나아가는 사자의 행보를 본받아 수행에 '용맹정진'하여 부처의 경지에 이른 '사자빈신삼매'에 도달하는 것이 선불교의 목표이기 때문이다. 또한 사자의 포효 소리인 '사자후'는 깨달음을 얻은 승려가 그 내용을 대중들에게 토하는 설법을 의미한다. 경주의 교종 가람에서는 보기 어려운 상징들이다.

위　서금당지와 좌우 부도탑비의 일부들.
아마도 이 영역은 선사들의 부도를 안치한
부도전이었을 것이다.
아래　서금당지 동편의 귀부. 거북 등에 연꽃
줄기를 새겨, 서편 귀부에 비해 여성적 풍모를
보인다.

하나의 예술적 전형을 따라 반복적으로 창작하는 행위를 예술사에서 '매너리즘 mannerism'이라 한다. 매너리즘의 어원은 이태리어인 마니에리스모 manierismo로서 전성기 르네상스의 천재적 형식을 모범으로 삼아 반복했던, 16세기 후반의 예술적 경향을 지칭했다. 레오나르도 다빈치나 미켈란젤로의 대가들이 완성한 형식을 벗어나기 어려웠던 시기의 한계였다. 그러나 반복은 차이를 수반한다. 완벽한 모방, 완전한 반복은 불가능한 것이 예술의 본능이기 때문이다. 르네상스의 규범적 형태를 변화시키고, 비례를 왜곡하고, 장식을 부가하는 매너리즘의 시기를 거쳐, 새로운 예술 양식인 바로크의 시대를 열게 된다.

그런 면에서 영암사의 건축과 예술은 '경주 문화의 매너리즘'이라 할 수 있다. 비록 경주의 고급문화 형식을 따랐지만 모든 조건이 달라졌다. 도시에서 산속으로 입지가 변했고, 귀족에서 호족으로 후원 세력이 달라졌으며, 교종에서 선종으로 교의도 변화했다. 형식은 더 자유롭게 되었고, 장식은 더 화려해졌으며, 규모는 더 커졌고, 형태는 변형되고 왜곡되었다. 기단석의 사자들은 사실적이기보다는 해학적이다. 어떤 사자는 혀를 내밀고 있고, 어떤 놈은 고개를 돌리고 있다. 용맹스럽고 규범적인 사자상은 어디에도 없다. 오히려 귀여운 애완견과 같은 모습의 사자들만 어슬렁거릴 뿐이다.

일명 '서금당지'로 알려진, 본 금당에서 서북쪽 구릉에 위치한 건물지에는 좌우 2기의 귀부가 남아 있다. 신라시대에 완성된 비석의 형식은 받침돌인 귀부龜趺와 빗돌인 비신碑身, 그리고 머리돌인 이수螭首로 구성된다. 기단 - 벽체 - 지붕이라는 건물의 삼분구성과도 유사하다. 거북이 모양의 귀부는 점차 거북이 몸통에 용의 머리, 사자의 발을 가진 이상적인 전형으로 발전했다. 이수는 대개 몇 마리의 용들이 서로 뒤얽혀 구름을 감싸고 있는 모습으로 만들어졌다.

이런 형식의 비석은 왕족이나 고승의 일대기를 기록해 추모하기 위한 용도로 세워졌다. 선종의 고승이 열반하면 사리탑인 부도를 조성하고, 그 인근에 탑

영암사의 사역은 무척 넓어서 석탑이 있는 중심 마당 아래로
훨씬 넓은 가람 터들이 조성되었다.

비를 세우는 것이 신라 하대의 유행이었다. 영암사의 경우는 부도와 탑비의 빗돌도 없어지고 귀부만 남아 누구의 것인지 알 수는 없다. 서금당이라고 알려진 건물터는 일종의 사당에 해당하는 부도전일 가능성이 높다. 좌우에 놓인 귀부는 서로 유사해 보이지만 차이가 있다. 서쪽의 것은 목을 곧추세우고 포효하는 듯 남성적인 모습인 반면, 동쪽은 목을 움츠리고 보주를 물고 있으며 거북 등에 연꽃 줄기를 새기는 등 여성적이다. 나란한 두 귀부에도 반복과 차이라는 매너리즘적 속성이 나타나고 있다.

금당 계단의 파손된 소맷돌은 대략 불교의 신중들인 용이나 가릉빈가의 모습으로 추정한다. 가릉빈가迦陵頻伽는 하늘을 날며 여러 악기로 음악을 연주하며 부처의 소리를 전하는 비천들이다. 영암사의 가릉빈가들을 잘 살펴보면 피리를 부는 이도 있고 장구를 치는 이 등 다양한 모습을 하고 있다. 기단석 사방에 새겨진 사자상들이 제각각 다른 모습으로 새겨졌듯이, 계단 소맷돌의 조각들도 유사한 듯 다르다. 역시 반복하면서 차이를 드러낸다.

아무리 귀족문화를 따라가도 호족은 호족이듯, 불국사의 모범을 따랐지만 영암사는 영암사다. 불국사의 건축이 정교한 고전적 규범을 따르고 전형적인 품격을 갖는다면, 그 규범을 따르려 했던 영암사는 변형되고 자유로운 매너리즘적 성향을 띤다고 할 수 있다. 그러면서 훨씬 풍부하고, 해학적이고, 화려한 조각과 장식으로 가득한 독특한 폐허를 남기고 있다.

유적과 폐허는 같은 대상을 서로 다른 시각에서 바라보는 태도이다.
유적은 남겨진 것에 관심을 갖고 이를 보존할 자산으로 여기지만,
폐허는 오히려 사라진 것들을 상상하고 원래 있었을 더 큰 전체를 그리워한다.
그런 면에서 충주 미륵대원지는 유적지라기보다 폐사지라 불러야 마땅한,
폐허의 이미지가 강하다.

충주·미륵대원·

폐허에서
최초의 힘을
만나다

중년의 남자들은 보통 군대생활을 반복되는 훈련과 획일적인 시간으로 기억한다. 이른바 군 생활의 요령이란 머리를 비우고 몸은 타율적으로 잘 움직이면 되는 것이다. 그래도 머리를 쓸 필요가 있었던 때는 총기 분해 조립 훈련 정도였다. "조립은 분해의 역순이다."는 훈련 조교의 당연한 이 말이 왜 그리 금언같이 들리던지. 맞다, 분해한 순서를 잘 기억하고 그 반대 순서대로 조립해 가면 되는 것을. 그러나 한두 순서가 틀려서 시간이 늦어지고 어김없이 얼차려를 받기 일쑤였다.

건물의 시공과 소멸 과정도 마찬가지다. 땅을 다진 후 초석을 놓고 기둥을 세우며, 그 위에 지붕을 얹고 벽을 쳐서 뼈대를 완성한다. 그 다음은 단청을 입히고 장식을 달아 건물을 치장한다. 무너질 때는 정반대의 순서이다. 색칠과 장식이 먼저 벗겨지고 지붕이 내려앉으며, 기둥이 쓰러지고 벽이 넘어진다. 그러면 땅 위에는 초석과 기단만이 남아 흔적을 남길 뿐이다. 돌과 벽돌로 쌓은 서양 건축물은 무너져도 벽이나 기둥의 많은 부분이 남아 있지만, 땅 위에 나무 구조물을 단순히 올려놓은 동양 건축물의 폐허에 남아 있는 것이란 그뿐이다. 그래서 서양 건축의 폐허는 좀 더 입체적이고, 반면 중국계 건축의 흔적은 평면적이다. 그 모든 것이 사라진 황량한 폐허는 옛 사람들이 가람 터를 잡고 어떤 건축을 앉힐 것인지 생각을 시작할 때 대했던, 바로 그 처음의 광경인 것이다.

충북 충주시 상모면 미륵리에 있는 충주 미륵대원지, 일명 '미륵리사지'는 매우 독특한 폐사지다. 사람 좋은 동네 아저씨처럼 온화한 미소를 짓고 있는 미륵부처가 온전한 모습으로 서 있고, 그 주위 3면에 높은 돌 축대가 쌓여져 있다. 그 앞으로는 석탑과 석등들, 그리고 높고 낮은 건물 터와 어디에 쓰였는지 알 수 없는 돌들이 여기저기 널려 있다. 비록 목조 건물들은 사라졌지만 다듬고 쌓은 돌들은 온전히 또는 흔적만 남아 원래의 모습이 어떠했을까 상상하게 만든다. 한국 건축으로는 드물게 돌이 주 재료로 사용된 예이고, 그래서 좀 더 입체적인 폐허이다.

보통의 유적지에 가면 남겨진 것들의 모습에 주목하게 된다. 경주 포석정지는 원래 왕실의 유흥을 즐기던 정원이라는 설, 또는 왕실의 제사시설이라는 설 등 의견이 분분하다. 정원이든 제사시설이든 국가적 시설이었다면 지금 남아 있는 유적은 극히 일부일 뿐, 오히려 대부분의 시설들은 사라져 버렸을 것이다. 그럼에도 불구하고 포석정지에 대한 관심은 현존하는 구불구불한 돌 물길에만 집중되어 있다. 그 물길이 고래를 닮았다, 거기서 흐르는 물 위에 술잔을 띄워 유상곡수연을 즐겼다는 등 많은 내용들의 연구 결과도 나왔다. 그러나 사라져 버린 더 큰 부분들에 대한 관심과 연구는 극히 미미하다.

유적과 폐허는 같은 대상을 서로 다른 시각에서 바라보는 태도이다. 유적은 남겨진 것에 대해 관심을 갖고 이를 보존할 자산으로 여긴다면, 폐허는 오히려 사라진 것들을 상상하고 남겨진 것보다 더 큰 전체를 그리워한다. 유적은 남겨진 현재를 최대한 전승하여 미래의 유산으로 남기려 한다면, 폐허는 사라진 전성기 때를 유추하고 최초의 모습을 그려볼 수 있는 과거에 관심을 갖는다. 그런 면에서 충주 미륵대원은 유적지라기보다 폐사지라 불러야 마땅한 폐허이다.

미륵대원의 남겨진 유적과 유물은 정교하고 세련된 것과는 거리가 멀다. 왠지 촌스럽고 엉성하며 거칠고 투박하다. 미륵대원의 유물이 첨성대나 석굴암

위 가람의 중심에 있는 5층 석탑. 둔탁한 비례와 완결되지 않은 것 같은 마무리는 이를 만든 이와 까닭을 궁금하게 한다.
아래 절터에서 떨어진 곳에 경영했던 '원' 터

건축이 사라지면 가람이 나타난다 197

과 같이 정교한 것이었다면, 그 자체에 대한 관심이 훨씬 강했을 것이다. 폐허의 모습이 이렇다는 것은 처음부터 그렇게 만들었다는 말이 된다. 이 낯선 투박함은 남겨진 유물에 대한 찬사보다는 '누가 왜 이런 곳을 만들었을까?' 하는 강력한 의문을 떠오르게 한다.

미륵대원이 위치한 곳은 '하늘재寒喧嶺'와 '지릅재鷄立嶺'라는 매우 중요한 두 고개 사이의 분지이다. 이 두 고개는 서기 156년에 개척되어 영남과 중원지역을 잇는 중요한 교통로였다. 아마도 한반도의 백두대간을 넘는 고개로는 가장 이른 시기에 개척되었고, 조선시대에 '새재鳥嶺'가 뚫리기 전까지 적어도 1,500년간 한반도 중부지방의 가장 중요한 고개였다. 미륵대원에서 동쪽으로 하늘재를 넘으면 경상도 문경 땅이고, 서쪽 지릅재를 넘으면 충청도 충주에 이른다. 또한 북쪽으로는 월악산 송계계곡이 시작되는데, 이 계곡 곳곳에 사자빈신사지나 덕주사지와 같은 사찰들이 경영되었다.

  지금은 깊은 산속의 작은 공간이지만, 신라나 고려시대에는 마치 경부선과 호남선이 갈리는 대전과 같은 교통 요충지였다. 원래 규모도 만만치 않다. 발굴 조사를 통해 드러난 건물지만도 10여 동 이상이고, 주불전은 2층 높이의 대규모 건물이었다. 그런 규모와는 달리, 미륵부처는 올빼미같이 납작한 얼굴을 가졌고, 뜰 중앙의 5층 석탑은 두부모를 썬 듯 뭉툭한 모습이며, 거북 모양으로 다듬은 비석 받침돌은 거북이라기보다는 자라에 가깝게 단순하고 투박하다. 거북 등판에는 사람이 오르내리기 편하도록 계단을 마련했고, 작은 새끼 거북들이 어미 등을 타고 오르는 해학적인 모습까지 새겨 놓았다. 마치 일정한 격식을 거부하고, 파격과 일탈을 통해 무언가 할 말을 전하려는 기운으로 가득한 곳이다.

  개울가 암반에는 직경 1m 정도의 공 모양으로 깎은 바위돌에는 '온달장군의 공기돌'이라는 별명이 붙어 있다. 이 절이 속한 중원지역은 삼국시대 말까

지 고구려, 신라, 백제가 각축을 벌이던 군사적 요충지였고, 인근 단양 땅에 고구려군의 남한계선으로 유명한 온달산성이 있었던 연유로 붙여진 설화일 것이다.

미륵대원은 전체적으로 성스럽기는커녕, 어설픔과 해학으로 웃음을 띠게 하는 곳이다. 이처럼 중요한 곳에, 대규모의 사찰을 경영하면서 이토록 어설픈 솜씨로 만든 까닭은 무엇일까? 과연 미륵대원을 세우고 경영했던 이들은 누구이기에 이런 사원을 만들었을까? 이 절에 대한 신뢰할 만한 기록은 일절 전하지 않는다. 그러나 미륵대원에 얽힌 설화와 전설들은 꽤 많이 전해지며, 그 내용도 매우 강렬하다.

위 비석의 기단 돌이었던 귀부
아래 '온달장군의 공기돌'이라 불리는 보주탑

신라의 마지막 태자였던 마의태자가 여동생 덕주공주와 함께 망국의 한을 품고 금강산으로 향하다가 이곳에 머물러 절을 세웠다는 설이 대표적이다. 경주 땅에서 한반도 중부나 북부로 향하려면 하늘재를 넘어야 했기에, 마의태자가 이곳을 넘었을 개연성은 높다. 태자는 이곳에 미륵사를 세웠고, 덕주공주는 건너편 송계 골짜기 끝에다 덕주사를 세워 오누이가 창건한 두 절은 아직도 서로를 처다보고 있다는 그럴싸한 증빙용 설화까지 곁들인다.

그러나 망국의 왕자가 망명 도중에 장기간 머물면서 대규모의 사찰을 조성했다는 것을 사실로 믿기는 어렵다. 태자를 동정하는 후대의 민심이 지어낸 희망적 허구에 가깝다. 학술적 분석에 의하면, 이 절은 대략 신라 말 고려 초인

미륵부처가 바라보는 호쾌한 장면.
가람은 멀리 골짜기의 지형에 방향을 맞추었고,
앞 산 중턱에 덕주사가 있다. 미륵대원과 덕주사는
신라 마지막 태자인 마의태자 남매가 세웠다는 전설도 전해진다.

10세기 초반에 창건되어 13세기 몽골 침략기에 큰불에 탔었고, 18세기까지 유지되었던 것으로 보고 있다. 또한 이 절을 경영한 세력은 인근 충주의 유씨 가문으로 일대에서 가장 유력한 호족세력이었을 가능성을 제기하고 있다.

후삼국 시대, 충주의 유긍달劉兢達은 태조 왕건에게 자신의 딸을 맺어 주어 제3왕비에 오르게 했고, 그 자신 역시 최고직인 시중에 올랐다. 신명황후 유씨는 여러 아들을 두었는데, 그 가운데 3대 정종과 4대 광종이 왕위를 잇게 되어, 충주 유씨 가문은 고려 최고의 호족이 되었다. 미륵대원의 위치나 규모로 볼 때, 충주 유씨 정도의 세력과 정치적 배경 없이는 불사가 불가능했을 것이다. 이 가문은 충주 북쪽에 '숭선사'라는 신명황후 유씨의 거대한 원당 사찰을 건립하여, 유씨 가문이 불사에 조예를 가졌음을 방증하고 있다. 또한 미륵대원의 거칠고 파격적인 솜씨로 볼 때, 지방의 호족들이 주도한 지역성이 두드러진 건축이어서 유씨 가문의 작품일 가능성을 더욱 높여 준다.

고려시대에는 전국을 묶는 교통망을 구축하면서 주요 교통로의 요지에 '원院'이라는 복합적인 시설을 두었다. 여관 기능이 우선이었지만 그 일대에 시장이 형성되고 유흥시설도 갖추어졌다. 종종 '원'은 인근의 불교 사찰에 부속되어 관리되면서 사찰의 운영 수입을 올리는 수단이기도 했다. 고려시대 사찰을 '사원'이라 부르는 이유 가운데 하나가 바로 절과 원을 통합 운영했기 때문이다. 대표적인 유적으로 최근 발굴된 '혜음원지惠陰院址'를 들 수 있다. 개성과 남경인 서울을 잇는 혜음령에 혜음원을 지어 혜음사가 관리했던 국가 시설이다.

미륵대원 역시 명칭에서 알 수 있듯이, '원'의 기능이 중요했던 사찰이었다. 여러 곳에서 온 이들이 큰 고개를 넘으려면 하룻밤을 지새운 뒤 아침 일찍 몇 십 명씩 무리를 지어 떠나야 했다. 당연히 큰 고개 밑에는 이들을 재우고 먹일 여관시설이 필요했고, 각지의 상인들이 모여 들다 보니 자연스레 시장이 형성된다. 미륵대원 절터에서 하늘재 쪽 언덕을 넘으면 또 다른 대규모 유적지가 나타난다. 숙박시설의 흔적이 발굴되었고, '대원사大院寺'라는 명문이 새겨진 기왓장도 출토되어 이곳이 '원', 그것도 큰 원이었음을 입증한다. 여기서 나오는 막대한 숙박과 식음료 수익, 반강제적으로 징수했을 통행료, 그리고 절에 기부한 시주 돈들은 유씨 호족의 중요한 수입이 되었을 것이다.

이 절의 건립과 운영주체들이 호족이라면, 파격적 구성과 낯선 조형적 의지를 비로소 이해할 수 있다. 지방 호족들은 중앙 귀족과 같이 세련되지 못했다. 척박한 지방 현장에서 권력과 경제력을 장악하기 위해 험난한 삶을 살았던 인물들이고, 교양보다는 무력을, 지식보다는 재산을 추구했던 이들이다. 자연히 이들의 미의식은 정제되고 추상적인 것보다는 직설적이고 구체적인 것을 선호하게 된다. 그리고 무엇보다 독창적이다. 일절 틀에 박힌 격식을 거부하고, 자신들의 의지대로 만들었기 때문이다.

가람의 중심인 미륵부처는 3개의 석축으로 둘러싸여 있다. 그 위로 지붕을 올렸다면, 앞에서는 2층, 뒤와 옆에서는 단층인 건물이었을 것이다. 비록 일부가 목조건물이기는 하지만 내부로 들어서면 돌벽으로 둘러친 어둡고 높은 공간, 마치 석굴과 같은 공간을 대하게 된다. 경주 석굴암과 같이 완전한 석실은 아니지만 이처럼 반半석실 구조를 만들어서 오히려 더 장엄한 석굴사원을 얻을 수 있었다. 이런 구조는 한반도 어디에도 찾아보기 어려운 희귀한 유적이다.

미륵부처의 얼굴은 갸름한 눈과 살포시 지은 입가의 미소, 목의 삼도까지 세밀하게 조각되었다. 반면 몸통은 두 손만 두루뭉실하게 표현했을 뿐, 의복의 주름선 등을 일절 생략한 돌덩어리다. 마치 "부처님 얼굴 보고 믿지, 몸통 보고 믿나?" 하는 호족들의 호언장담을 듣는 듯하다.

하늘재 어귀 언덕 위에는 전형적인 신라형 석탑이 서 있다. 작지만 잘생긴 석탑이다. 이탑은 고개를 넘나드는 이들에게 이곳에 '절'과 '원'이 있으니 쉬면서 불공을 드리라는 일종의 간판sign이다. 그러나 일단 절 안에 들어오면 비례 체계를 무시하고 투박하게 쌓은 5층 석탑을 만나게 된다. 이 탑은 '돌 위에 돌을 얹은 게 석탑이다.'라는 원론에만 충실하다. 이 절의 경영자들이 기술이나 재력이 딸려서 이런 탑을 만든 게 아니다. 간판용 탑은 정교하게 만들 수 있지만 내부의 탑은 거칠다. 대부분 경주 지방에서 넘어오는 손님을 끌기 위해서는 그들에게 익숙한 정교함이 필요하지만 일단 대원 안으로 들어오면 호족들의 취향에 맞추었던 것이다.

금당 터를 감싸고 있는 석축

남겨진 석물들보다 더 파격적인 것은 전체 가람의 구성이다. 가람은 일직선으로 흐르는 개울을 사이로 두 영역으로 나뉘어 조성되었다. 자세히 보면, 이 개울은 인공적으로 쌓은 운하에 가깝다. 미륵부처 뒤편으로 돌아가면 원래의 개울이 흐르던 궤적을 알 수 있는데, 인공 물길을 만들어 옆으로 돌리고, 원래 물길 위로는 가산을 쌓아 석실을 만든 것이다. 개울을 따라 앞뒤로 길게 배열되는 독자적인 가람 구조 역시 유사한 예를 찾을 수 없다. 개울 건너 일단의 전각들이 있었는데, 그 중심에 예의 '온달 공기돌'을 두었다. 절에서는 이를 '보주탑'이라 여기고 있는데, 보물 구슬이기에는 너무 투박하지 않을까.

그들의 취향은 미륵대원에 산재하는 석탑과 석등, 미륵불의 어설픔, 가람 구성에서 볼 수 있는 파격이었다. 그러나 여기에는 세련된 귀족적 건축이 갖지 못한 원초적인 에너지와 강렬한 의지가 숨어 있다. 이 땅에 뿌리내린 지역적 고유함, 거칠 것 없이 자신들의 의지를 표현한 호연지기, 무엇보다 사라진 것들을 유추하게 하는 공간적 힘들로 가득하다. 폐허인 미륵대원, 그 현장에 서면 1,000년 전 이 땅의 호족들이 뿜어내던 그 역동적인 힘들을 다시 느낄 수 있다. 폐허는 무너질수록 최초로 돌아가는 근원적인 건축이다.

주변의 낮은 바위산들로 감싸인 계곡에는 물도 흐르지 않는다.
그리 넓지 않은 평편한 골짜기에 석탑 21기와 돌부처 80기가
여기 저기 놓여 있다. 탑과 부처들은 크기도 모양도 다르고,
일관된 양식도 발견하기 어렵다. 누가 왜 이런 대역사를 벌인 것일까?
이 유적들 사이에 어떤 숨어 있는 질서가 있는 것일까?
숱한 가설들이 쏟아져 나왔지만 역시 비밀은 비밀로 남는다.

화순·운주사·

비밀은
밝혀도
비밀이다

비밀이란 공개하지 않는 소수만의 지식이거나 밝혀지지 않은 속내를 의미한다. 그래서 비밀은 신비를 불러일으키고, 그 신비를 풀기 위해 숱한 가설들이 출현한다. 그러나 제시된 가설들이란 대부분이 신비주의적인 가정과 추론에 의지하기 때문에 비밀을 밝히기는커녕 더욱 비밀의 층을 두텁게 할 뿐이다. 화순, 옛 능주 땅에 남아 있는 운주사가 그렇다. 운주사 유적에 대해 발표된 가설들은 수필, 논문, 저서 등으로 열 가지가 넘었지만 아직도 확실히 밝혀진 것은 없다. 오히려 그 가설들은 혼란만을 부추길 뿐이다.

운주사 골짜기는 한반도 어느 곳에서도 볼 수 없는 특별한 곳이다. 주변 낮은 산들이 온통 바위로 이루어져 물도 흐르지 않는, 그리 크지 않은 골짜기에 석탑 21기와 돌부처 80기가 여기 저기 놓여 있다. 1940년대의 조사에는 석탑이 30기, 석불이 213기가 있다고 보고되었으니, 그 사이에 절반 이상이 멸실되고 버려진 유적이었다. 아마도 전성기에는 더욱 많은 탑과 불상들을 조성했을 것이고, 탑은 모르겠지만 불상은 말 그대로 천불이었을 가능성도 높다. 30여 년 전만해도 운주사라는 절 이름보다 '다탑봉', '천불동', '천불천탑'이란 이름으로 더 익숙했다. 이곳은 절 이름도 확실치 않은 채 고려시대를 지나 16세기까지 운영되었다가 폐사되어 '탑과 불상이 많은 골짜기'로 부르던 곳이다. 1980년대 발굴조사를 통해 절 이름을 찾았고, 문화재 이름도 '화순 운주사지'로 등록되었다.

이곳에 남겨진 유물들은 크기도 모양도 다 다르고, 예술사에서 흔히 말하는 '일정한 양식'을 따르지도 않았다. 석탑들은 뾰족한 전봇대 모양의 탑, 실패 모양 탑, 항아리를 쌓아 놓은 것 같은 탑, 호떡이나 다층 햄버거를 연상하게 하는 탑, 아무런 형태도 없어 '동냥치거지 탑'으로 부르는 등 뭐라 이름을 붙일 수 없는 모습들이다. 불상들은 평면적으로 조각했고, 크기와 모양이 달라서 할아버지 부처, 할머니 부처, 아기 부처 등으로 불리는 친근한 모양들이다.

배치에도 일정한 원칙을 찾을 수 없다. 한국뿐 아니라 동아시아의 고대 사찰들이 따랐던 1탑식이나 쌍탑식 등의 가람배치 형식을 여기서 찾는 건 무의미하다. 건물과 탑의 관계도 일정치 않으며, 그렇다고 일정한 기하학적 원리로 만들어진 만다라 형상은 더욱 아니다. 그저 지형에 맞추어 적당히 조성했다는 정도로 말할 수 있을 뿐이다.

다양한 형식의 탑들

조선시대 기록인『동국여지승람』에는 "천불산 운주사 좌우 산록에 석탑과 석불이 각 천 구씩 있다."고 했고,『동국여지지』에는 "고려시대 승려 혜명이 천불천탑을 조성했다."고 기록했다. 혜명慧明은 논산 관촉사에 유명한 은진미륵을 조성한 승려이다. 이 외에는 일절 다른 기록을 찾을 수 없다.

그러나 인근에서는 신라 말 도선국사道詵, 827~898가 천불천탑을 하룻밤에 다 만든 것이고, 새벽닭이 울어서 거대한 와불은 미완성으로 남았다는 전설을 진실로 믿고 있다. 그리고 와불이 일어나는 날, 새로운 세상이 열린다는 믿음도 함께 한다. 이처럼 기록도 없고, 일정한 질서도 찾을 수 없으며, 어떤 양식적 틀을 따르지도 않는 파격과 독창성은 많은 의문을 불러일으킬 수밖에 없다. 그 의문을 풀기 위해 수많은 학자들, 소설가와 시인들, 기자들, 심지어 일반 방문자들까지 나름대로 해답 찾기에 도전해 왔다. 과연 이 유적은 누가, 언제, 왜 만들었을까? 운주사 유적은 정말 불교 사찰이었을까? 어떤 원리에 의해 만들었을까?

우선 유적에 대한 지표조사와 발굴조사 결과, 운주사는 신라 말에서 고려 초인 10세기 경에 창건되었고, 대부분의 석탑들은 고려 중기인 12~13세기에 걸쳐 세워졌다는 결론을 얻었다. 일단 이 사실을 정설이라고 인정하고 기존의 가설들을 살펴보자.

도선국사가 새로운 세상을 열기 위해, 또는 산천의 비보를 위해 탑과 불상들을 조성했다는 전설은 10세기 사람인 도선의 생존 연대와 석탑의 조성시기가 맞지 않는다. 신라 말 능주 지방 호족세력의 후원에 의해 건립했다는 가설 역시 시기가 맞지 않는다. 어느 시대인가 천민과 노예 등 민중 반란세력이 결집해 새 세상에 대한 그들의 열망을 담아 조성했다는 설은, 막대한 경제력과 시간과 공력 없이는 불가능한 이 유적들과는 모순된 희망사항일 뿐이다. 그리고 이 땅에 들어온 이민족들, 예를 들어 고려 중기의 몽골군 등이 향수를 그리며 조성한 유적이라는 설은 우주인이 만들었다는 설만큼이나 개연성이 없는 가설이다.

또 이 유적이 과연 불교 사찰이었는가에 대해서도 의문이 많았다. 불교 사찰이라기에는 너무나 파격적이고 유래를 찾을 수 없기 때문이다. 돌부처들도 종교적 신비나 초월적 위엄이란 전혀 없는 민간 장승들과 같아서 이것들은 부처가 아니라고 부정하는 견

여러 모습의 돌부처들

건축이 사라지면 가람이 나타난다 207

해도 많다. 그래서 이곳은 만다라적 세계를 형상화한 밀교의 사원이었다는 설, 도교 사원이었고 석불들은 신선상이라는 가설, 또는 민간 기복 신앙을 위한 성소였다는 가설, 천민 해방구로서 석불들은 실제로 천민들의 모습이었다는 설까지 제시되었다. 그러나 밀교나 도교 사원도 일정한 형식에 의해 만들어지기 때문에 운주사의 파격과 독자성을 설명하지는 못하는 설들이다. 또한 민간 또는 민중 신앙과 연결시키는 설은 그들의 경제력을 감안할 때 설득력이 떨어진다.

최근에 이곳은 신라 말 해상왕 장보고의 추모 장소였다는 가설을 실은 책까지 출판되었다. 이 책에 따르면 새 세상을 열려던 장보고가 억울하게 죽은 후에 그 후예들인 재당 신라인들이 힘을 모아 거대한 추모 장소로 만들었다고 한다. 이 골짜기의 전체 지형의 생김새가 배 모양임에 착안하여, 석탑들은 돛대이며 석실은 선실이고, 석불들은 항해하는 선원들 또는 추종자들이라고 해석한다. 꽤 그럴싸한 가설이지만 입증해야 할 부분들이 너무 많고, 역시 고고학적 조성시기와는 시간적으로 맞지 않는 설이다.

 한때 공중파 방송의 한 프로그램에서 운주사를 '천문도를 재현한 가람'이라고 소개한 적이 있다. 밤하늘의 1등성 별자리들과 운주사 석탑들의 배열이 유사하고, 산 중턱에 있는 칠성바위는 북두칠성이며, 산마루의 와불은 북극성이라는 혹할 만한 해석이었다. 방송에 나왔다는 이유로 일부에서는 아직도 이 해석을 정설로 믿기도 한다. 그러나 이전 운주사에는 지금보다 훨씬 많은 석탑들이 있었고, 남은 것들도 중간에 자리를 옮긴 것이 있어서, 이 해석에 결함이 많다는 반론도 있다. 밤하늘에 별들이 오죽 많은가? 그 숱한 별 가운데 몇 개를 취해서 구성한 게 별자리일 뿐이며, 이를 운주사에 대입하기는 너무 자의적이다.

허구와 같은 설화와 전설이라도 일말의 진실을 포함하고 있듯이, 이들 가설들도 조금씩의 설득력은 가지고 있다. 그 미미한 진실과 가능성의 조각들을 모아

보면 운주사에 얽혀 있는 비밀의 실타래를 조금은 풀 수 있지 않을까. 운주사 정도로 대규모의 유적들은 웬만한 재력 없이는 불가능한 작업이고, 탑과 부처들의 서민적인 미감으로 볼 때, 그 주체 재력가는 중앙 귀족이 아니라 지방 토착세력이었을 것이다. 또한 다양한 솜씨들로 볼 때 이들은 여러 가문의 장인들이 참여한 것이어서, 주체 세력도 일종의 지역 연합팀이라 볼 수 있다. 그럼에도 불구하고 이처럼 많은 작품들을 단기간에 완성했고, 훌륭한 조화를 이루었다는 것은 일정한 기본 설계가 있었다고 추정된다.

그들이 누구였는지, 왜 만들었는지, 그리고 기본 설계의 원리는 무엇인지 아직은 명확히 알 수 없다. 그나마 밝혀진 것은 이들의 본격적인 조성시기가 12세기와 13세기라는 점이다. 12세기 고려는 연속된 내란으로 어수선한 시기였다. 이자겸의 난을 필두로 묘청의 난, 무신의 난, 만적의 난 등으로 수도 개성과 중앙 정계는 혼란의 와중에 있었다. 기득권 귀족, 불교계, 신흥 귀족, 천민들까지 기존의 권위와 질서를 거스르려 했던 격변의 시기였다. 13세기는 세계 제국 몽골의 침략에 대항해 40년간 처절하게 항전했고, 이어 1세기에 이르는 몽골의 지배체제로 복속되던 시기이다. 전쟁과 약탈, 무력한 왕권 속에서 백성들은 스스로 자신을 보호해야 했던 힘겨운 시간이었다.

운주사 유적의 파격과 투박함은 지역 분열과 가치관 전복의 12세기 시대정신과 맞물려 있다. 화순 땅에도 고려 개국부터 힘 있는 호족이 있었고, 고려 중기에도 강력한 영향력을 가진 가문이 있을 것이다. 예를 들어, 화순 최씨의 시조인 최세기는 항몽기에 평장사를 지냈고, 최부는 문하시중이라는 최고위직을 지낸 인물들이다. 이 시골 골짜기에도 시대의 바람은 불어왔다. 12세기 이 지방의 유력자들은 힘을 합해 지역적 기원의 장소로 건설했을 것이다. 13세기 몽골의 전국적인 침략은 더욱 심각해서, 마치 팔만대장경을 새기듯이 부처의 힘으로 외침을 물리치려고 기존 가람에 탑과 불상을 더했을 것이다. 이 정도로 운주사 건립의 주체와 목적을 추정해 두자.

끝까지 남는 문제는 운주사 전체 가람에 대한 구성 원리이다. 운주사 전체를 좀 더 건축적 눈으로 살펴보자. 밤하늘의 별과 같이 석탑과 불상들이 우발적으로 흩어져 있는 것 같지만 수많은 힘들이 작용한 결과 별들이 그렇게 흩어진 것과 같이, 어떤 알지 못하는 복합적인 관계와 원리가 있을 것이다. 그러나 한눈에 알 수 있는 기하학적 모델이나 형상적 모델을 따른 것은 아니다. 단지 지형에 맞추어 조성했고, 나름대로의 교리적 기준에 따라서 배열했다는 정도의 기초적인 원리를 발견할 수 있다.

운주사 계곡은 양쪽 산줄기와 그 사이의 평편한 평지, 그리고 뒤편의 언덕, 4구역으로 이루어졌다. 석탑들은 평지에 한 줄로 배열되었고, 양쪽 산 중턱에도 점점이 세워졌다. 평지 중간에 돌로 만든 유일한 법당인 석실이 위치한다. 벽면과 지붕, 심지어 문틀까지 판돌로 만든 희귀한 건축물이다. 그 안에 두 명의 부처가 앞뒤 문을 바라보며 앉아 계시다. 마치 골짜기의 탑과 불상들을 이끄는 두 명의 지휘관과 같은 위치에 서로 등지고 앉아 있다. 석실 앞까지의 석탑들은 7층 높이의 뾰족한 첨탑들이 서 있지만 석실 뒤쪽으로는 원판들을 포개놓은 탑이나 낮은 이형탑들이 서 있어 대조를 이룬다.

양쪽 산록에도 높은 첨탑들이 점점이 서 있지만 이 골짜기의 가장 중요한 중심은 바로 뒤편 언덕에 새겨진 마애불상이다. 다른 불상들은 떼어 낸 돌판에 조각해 절벽에 기대어 놓은 이동 가능한 불상들이지만, 마애불과 왼편 언덕 위의 와불만은 바위에 붙어있는 고정 불상이다. 특히 마애불은 골짜기 전체를 응시하는 위치에 새겨져 가히 운주사의 주불이라 할 수 있다. 이 주변에는 항아리들을 포개 놓은 것 같은 탑, 넓은 원판들을 포갠 탑 등 희한한 모습의 탑들이 마애불을 에워싸고 있는 모습이다. 마애불 뒤편으로 일명 '불사바위'라고 불리는 오똑한 바위가 있다. 이 위에 서면 골짜기 전체의 전경이 한눈에 들어와, 도선국사가 공사를 지휘하던 곳이라 해서 붙은 이름이다.

가늘고 뾰족한 7층석탑들이 불규칙한 운율로 서 있다.
그 마지막에 있는 석실 법당으로 인도하는 전략적 배치이다.
석실 안에 앞뒤로 위치한 두 분의 부처는 이 가람의 중심에 앉아서
가람 전체를 지휘한다.

건축이 사라지면 가람이 나타난다

왼편 산록에는 일명 칠성바위와 와불이 두 개의 중심을 이룬다. 칠성바위란 원판을 가공한 7개의 돌판들이 마치 북두칠성과 같이 흩어져 있어서 붙은 이름이다. 이 칠성바위의 존재는 운주사 별자리 구성설에 더욱 힘을 실어 주었다. 이곳에서 더 올라가면 운주사 불상의 하이라이트라 할 수 있는 와불에 이른다. 크고 작은 한 쌍의 초대형 부처가 너럭바위에 새겨져 있는데, 너무나 커서 미처 떼어내 세우지 못했다고 보는 견해도 있고, 아예 누워 있는 와불을 새긴 것이라 볼 수도 있다. 이 와불 한 쌍은 부부 미륵의 모습이어서 불교적 조형에서 민간적 조형으로 변한 고려시대 민불의 한 사례로 꼽힌다. 부처도 배우자가 필요하다니 가히 생활 불교적인 발상이다. 와불보다 조금 아래 입구에 한 명의 돌부처가 서 있는데 이는 와불을 시중들기 위해 세워진 것으로 봐서 '시위불' 또는 '머슴미륵'이라는 별명이 붙었다. 그러나 미술사가들의 견해에 따르면 와불과 시위불은 같은 시대의 작품은 아니라고 보기에, 주인과 머슴이라는 설정은 민간의 해학적 견해에 불과하다.

경전에 의하면 부처는 보통 사람들과는 다른 32가지, 더 세밀하게는 80가지 신체적 특징을 갖는데 이를 '32상 80종호'라고 한다. 머리에 혹과 같은 육계가 있고, 팔은 무릎까지 내려오며, 귓불이 늘어져 어깨에 닿는 등 구체적인 특징이 있다고 한다. 그래서 불상은 이 신체적 특징을 이상화한 형식으로 만들어졌다. 수많은 사찰의 수많은 불상들이 일정한 양식적 특징을 갖는 것은 이러한 교리를 충실히 따르기 때문이다.

그러나 운주사의 불상들은 이 교리적 형식마저 깨뜨리고 있다. 홀쭉한 얼굴형에 선으로 처리한 눈과 입, 기다란 코가 추상적으로 새겨졌다. 몸체는 윤곽만 있을 뿐 세부를 과감히 생략했고, 단순한 옷 주름 몇 개의 선만 새겼을 뿐이다. 그럼에도 불구하고 같은 모습의 불상은 찾을 수 없다. 크고 작고, 잘난이도 못난이도, 늙은이도 젊은이도 섞여 있어서 마치 인간들의 군상을 보는 것 같다.

위 산 중턱에 흩어져 있는 일명 '칠성바위'. 북두칠성을 상징한 것이라고 하지만 원형 석탑을 만들려고 가공했던 부재의 일부일 수도 있다.
아래 산마루에 누워 있는 한 쌍의 와불. 이 거대한 석불이 일어서는 날, 새 세상이 열린다는 민간신앙이 전해진다.

불상과 탑이 있는 곳은 야외 법당이 되니,
골짜기 전체가 법당이며 가람이다.
뒷산 중턱에 '불사바위'라고 불리는 바위가 보인다.

그래서 할아버지 부처, 할머니 부처, 아들 부처, 아기 부처 등 애칭이 붙었다.

하나하나의 불상이 단순한 까닭은 이들은 집단적인 존재이기 때문이다. 어느 불상도 독자적으로 위치하지 않고 떼를 지어 모여 있다. 그리고 그 불상군들은 옴폭 파인 바위 아래로 들어가 있든지, 벼랑에 기대어 있다. 이들은 결국 야외 법당을 이룬다. 운주사 골짜기에는 이런 야외 법당이 7~8 군데에 만들어졌고, 물론 이곳에 불상들을 집중적으로 배열했다. 운주사는 이러한 야외 법당들이 집합된, 노천 사찰의 성격이 짙었을 것이다.

운주사의 석탑과 석불들은 집단적 존재임에도 불구하고, 하나하나의 개성이 강조된 독특한 집단을 이룬다. 불상들의 다양함은 더 말할 필요가 없고, 석탑들도 온갖 가능한 형식들이 총동원되어 있다. 이 세상에 없을 것 같은 탑마저 있다. 그럼에도 불구하고 그들은 자신의 독특함을 드러내고 우월함을 뽐내지 않는다. 그저 천불천탑 중의 하나로 겸손하게 몸을 사리고 있다. 그리고 천불천탑 전부는 바위 산 계곡에 몸을 감추고 있다.

이 글을 통해 운주사의 신비와 비밀을 풀어 보려 노력해 보았지만, 역시 비밀은 비밀로 남는다. 무엇하나 뚜렷이 밝힐 수 있는 것이 없다. 그러나 이 비밀의 사원은 다양하면서도 하나가 되는 우주적 구성을, 무질서한 것 같으면서도 질서를 가지고 있는 말로 다할 수 없는 오묘한 원리를 깨닫게 해준다.

V
부처는 산이요, 가람은 자연이다

문경 봉암사

만폭동의 사암들

문경 사불암

창녕 관룡사

해남 미황사

봉암사가 자리 잡은 곳은 '산은 봉황의 둥지같이 단단하고,
물은 용의 트림과 같이 힘차게 흐르는 곳'이다.
신라 말 도헌 스님은 이곳에 선 불교를 열어 유명한
희양산문을 형성했다. 숱한 전란으로 건물은 소멸되고
최근에 새로 세운 것들이지만, 당시 용맹정진의 수행 정신은
20세기에도 이어져 현대 불교 중흥의 산실이 되었다.

문경 · 봉암사 ·

자연은
최고의 설법장

한반도의 중추를 이루는 백두대간은 태백산에서 남으로 낙동정맥을 몇 갈래로 내려보내고, 주맥은 서쪽으로 방향을 틀어 소백산을 거쳐 속리산으로 향한다. 백두대간은 백두산에서 시작하여 태백산까지 북에서 남으로 내려오고, 속리산을 지나면 다시 지리산을 향해 남으로 내려간다. 소백산과 속리산 사이만 동서로 뻗어 나가, 백두대간의 남사면은 이 지역에서만 형성된다. 행정 구역으로 경상북도 봉화군·영주시·예천군·문경시 4개 시군만이 백두대간의 남사면을 접하는 행운을 누린다.

전통 지리학에서 재해와 전쟁도 피해 갈 명당 중의 명당 열 곳을 골라 '십승지지十勝之地'로 꼽는데, 그 가운데 절반이 이 지역에 밀집되어 있다. 뒤로 우뚝한 백두대간을 등지고, 앞으로는 양명한 너른 들판에 맑은 시내가 흐르는 이 지역의 땅들은 풍수지리에 밝지 않더라도 누구나 좋은 땅임을 알아 볼 수 있다.

예부터 이 구간의 산에는 절도 많았다. 영주의 부석사가 가장 유명하지만 예천 용문사나 문경의 김룡사, 대승사 등 크고 작은 많은 사찰들이 남아 있다. 그 가운데 문경 희양산의 봉암사는 그 창건과 역사도 중요하지만 현 대한불교 조계종의 중흥지로 유명한 곳이다.

봉암사鳳巖寺 창건은 881년 도헌스님에 의해 이루어졌다. 도헌의 생애와 봉암사 창건의 내력은 봉암사에 현존하는 〈지증대사적조탑비智證大師寂照塔碑〉국보 제315호에 소상하게 기록되어 있다. 글쓴이는 신라 말의 대문장가 최치원이고, 그 유명한 사산비문 중의 하나다.

부처는 산이요, 가람은 자연이다   219

예전 사람들은 이름이 많았다. 원래 이름인 휘명諱名은 부를수록 수명이 짧아진다고 생각하는 풍습이 있었다. 어렸을 때는 아명兒名을 지어 불렀고, 커서는 호號를 지어 불렀다. 성인이 되어 관례를 치르면 자字를 지어 누구나 부를 수 있는 공식적인 이름으로 삼았다. 나라에 큰 공을 세운 이는 죽어서 국가에서 내려준 또 다른 이름, 시호諡號를 받는다. 스님도 마찬가지였다. 속명은 있지만 사용하지 않아 잘 알려져 있지 않다. 불가에 출가하면 법호法號를 받는다. '법명'이라고도 하여 스님들의 보통 이름으로 부른다. 스님들도 자가 있고, 입적 후에 국가에서 시호를 받기도 한다. 특히 이를 기념하여 사리탑을 조성하면, '탑호塔號'라 하여 또 하나의 이름을 받는다.

봉암사의 창건주는 법호가 도헌道憲 824~882이고 자는 지선智詵이며, 시호는 지증智證이고, 탑호는 적조寂照이다. 두 글자로 된 스님들의 법호는 중복되는 사례가 많아 '지증 도헌'과 같이 시호와 법호를 같이 쓰기도 한다. 지증 도헌의 속성은 경주 김씨다. 출신 성분에 대해 정확한 기록은 없지만 생전 행적의 여러 가지 정황으로 보아 왕족 출신이라는 설이 지배적이다.

도헌 스님은 탄생부터 남달랐다. 태몽도 범상치 않았지만 임신 400일이 돼서야 탄생하는 이적을 보였다. 태어나서도 젖을 빨지 않았는데, 부모가 육식을 끊고서야 젖을 물릴 수 있었다. 9세에 불교에 귀의했지만 효성은 대단했다. 17세에 영주 부석사에서 계를 받고 정식 승려가 되었다. 왕족임에도 불구하고 수행 생활 내내 청빈하고 소박하게 지내 나라 안의 칭송이 자자했다. 그의 제자들은 번창해서 희양산문을 이루게 되어 신라 말 구산선문의 지위에 올랐다. 도헌은 당시에 그 흔한 당나라 유학을 하지 않고, 순수하게 국내에서 수행하고 득도한 스님이었다. 구산선문의 개창조 가운데 유일한 신라 토종이었.

41세 때, 과부가 된 단의장옹주가 현계산 안락사에 스님을 초빙하여 주지로 모셨다. 옹주는 자신이 소유한 토지와 노비를 모두 사원 소속으로 희사하여 도헌을 크게 감동시켰다고 한다. 순수 토종으로 왕실의 인정을 받고, 왕족의 후원을 얻을 수 있었던 것은 스님의 출중한 실력과 내공도 때문이었지만 타고난 출신 성분도 큰 역할을 했을 것으로 보인다.

입적 1년 전인 58세 때, '심충'이라는 지방 호족이 스님의 명성을 듣고, "문경 땅 희양산 중턱에 자신의 노는 땅이 있는데 (땅과 자금 등 모든 걸 희사할 테니) 이곳에 선궁禪宮을 지어 선문을 열어 달라"고 간청했다. 도헌은 이미 안락사에서 안정된 생활을 하고 있었지만 간청에 못 이겨 석장을 짚고 나무꾼들의 오솔길을 따라 겨우 현장을 방문했다. 과연 이 땅의 산은 봉황의 둥지같이 단단하고, 물은 용의 트림과 같이 힘차게 흘렀다. 그래서 이곳의 이름을 '봉암용곡鳳巖龍谷'으로 불렀다. 도헌은 감탄했다. "이런 땅을 얻게 된 것은 하늘의 뜻이다. 이곳은 승려가 살지 않으면 필히 도적이 살 것이다." 하여 사원을 짓고 2구軀의 철불을 모셨으니, 곧 봉암사의 시작이다.

이 창건 연기는 몇 가지 사실을 보여 준다. 9세기 말이 되면, 지방의 사원들은 지역 세력인 호족의 후원으로 조성된다. 중앙 귀족들은 경주 일원을 제외하곤 지배력이 약화되었고, 호족들이 지방의 경제적·정치적 실세로 등장했다. 그들은 중앙 귀족과 결탁된 교종보다는 새로운 불교인 선종을 더 선호했다. 까다로운 교리와 귀족적 지식을 앞세운 교종보다는 '직지인심', '불립문자'와 같은 직관적 수행을 더 우선했던 선종이 호족들의 계급적 성향에 더 맞았기 때문이다.

도헌이 "사찰이 아니면 도적의 소굴이 될 땅"이라 평가한 봉암사 터는 그만큼 땅의 기운이 강한 곳이다. 사찰을 세워 땅의 기운을 누르지 않으면 안 된다는 인식은 비보사찰론으로 이어지는 이른바 한국의 자생풍수 사상이다. 또한 도적의 소굴이 될 것이란 통찰은 교화하지 않으면 호족도 도적과 다를 바 없다는 왕족 출신 승려의 호족에 대한 인식을 보여 주는 것이기도 하다. 호족 출신 심충도 자신의 계급적 한계를 벗어나기 위해 주류 사회가 숭상하는 도헌을 모

봉암사의 목조 건물들은 잦은 전란으로 모두 불탔지만, 현재 극락전만은 기적적으로 살아남았다. 사방 1칸의 극락전은 일반적인 전각의 모습에서 벗어나 목탑과 같은 형태를 갖고 있다. 또한, 건물의 형식으로 보아 조선 후기 왕실의 원당 건물로 건립되었을 가능성이 높다.

시고 유력한 사원을 건립한 것이 아닐까?

　신라 말 지방 사원에서 거대한 철불을 조성하던 유행 역시 호족들의 후원 사실과 관련이 깊다. 철이란 무기를 만드는 소재이다. 또한 청동보다 거칠어서 섬세한 불상을 조각하기 어려운 소재이다. 호족들은 무기 생산을 위해 철광을 확보하고 대장간을 경영했다. 그 무력의 기술을 종교적 공양으로 돌린 것이다. 철불은 청동불보다 거칠고 거대해질 수밖에 없지만 호족에게는 더없이 감동적인 미학이었다. 두 구의 철불을 조성했다는 것은 지금은 추정하기도 어렵지만 봉암사의 중심 불전이 두 개소였다는 걸 의미한다.

도헌은 봉암사를 개창하고 곧 안락사로 돌아갔고, 1년 후 그곳에서 입적한다. 그 사이 봉암사의 사세가 약화되었고, 급기야 후삼국의 전화 속에서 창건 가람은 불에 타 폐허로 남게 된다. 이를 다시 중창한 이는 고려 초 왕실과 깊은 인연을 맺은 정진대사 긍양이다.

　긍양兢讓, 878~956은 공주 출신의 호족으로 속성은 왕씨다. 899년 당나라에 유학하여 25년간 중국에 머물다 귀국했다. 당시 국내는 고려가 건국하여 후백제와 치열한 접전을 벌이고 있을 혼란기였다. 긍양은 고려 왕건을 지지하여 그의 종교적 멘터mentor가 되었고, 태조 뿐 아니라 아들인 4대 광종에게도 법요를 강의하는 국가적 승려가 되었다. 935년에 시조인 도헌이 개창했지만 폐허로 남은 봉암사 터를 크게 중창하여 대대적인 산문을 열었다. 그의 산문은 크게 번성하여 구산선문의 하나인 희양산문을 형성했다. 구산선문 가운데 가장 나중에 자리 잡은 산문이지만 그만큼 발전의 속도가 빨라서, 고려 초 3대 선원으로 국가가 보장하는 명원이 되었다. 광종은 고달원, 도봉원, 희양원봉암사을 '3대 부동선원'으로 지정했다. 부동선원이란 사원의 주인을 바꿀 수 없는, 즉 창건주에게 영구 귀속권을 인정하는 선원으로, 대단한 국가적 특혜를 입은 곳이다.

　긍양의 부도는 〈정진대사원오탑靜眞大師圓悟塔〉으로 탑비와 함께 봉암사 경내에 봉안되어 있다. 긍양이 주석할 때, 봉암사에는 3,000명의 문도들이 모여 동방장과 서방장으로 나누어 경영할 정도로 융성했다고 한다. 이후 고려조 내내 산문은 지속되어서 태고 보우 등 한국 불교사에 중요한 족적을 남긴 고승들을 배출했다. 조선조에도 함허 기화 등 선승들을 배출했지만 조선 후기에 들어 급격히 쇠퇴했다. 급기야 1907년 항일 의병전쟁 때 가람은 현 극락전을 제외하곤 모두 불탔고, 여타의 전각들은 대부분 20세기 후반에 세운 것들이다.

극락전을 제외한 목조 건물들은 모두 최근의 것이지만 지증대사와 정진대사의 탑과 탑비는 비교적 잘 보존되어 신라 말과 고려 초의 웅장한 스케일과 섬세한 조각 솜씨를 엿볼 수 있다. 또한 법당 마당에는 투박한 모습의 정료대 한 쌍이 놓여 있다. 정료대란 사찰에서 야간 불사나 법회에 사용하기 위한 일종의 조명대이다. 긴 돌기둥 위에 사각형 돌판을 얹어 그 위에 관솔불을 피웠던 시설물이다. 문경 일대의 사찰들 중 대승사나 김룡사에도 비슷한 형식의 정료대들이 남아 있어서 이 지역의 특별한 전통이라 추측한다.

극락전은 가람의 한 모퉁이에 선 작은 건물이다. 얼핏 보면 2층 건물 같이 보이지만 사모지붕 형태의 1칸 건물 사방 외곽에 3칸씩의 처마지붕을 두른 건물이다. 외곽의 기둥 열은 중심 1칸 기둥 열과 맞지

위　　지증대사적조탑
아래　지증대사적조탑비는 대문장가 최치원이 도헌의 일대기를 감동적인 글로 묘사했다.

않고, 초석도 없이 기단 위에 바로 세워서 중심 건물을 먼저 세우고 나중에 덧 단 것으로 추정된다. 극락전의 기단 모습이나, 사모지붕 위에 올린 석탑의 상륜부를 닮은 구조물로 미루어 원래 3층 이상의 목탑이었다고 추정하기도 한다. 현재와 같이 가운데 칸에만 벽을 치고, 사방 처마는 벽 없이 개방한 모습은 조선 후기 원당 건물과 같은 형식이다. 특히 내부에 '어필각'이라 쓴 현판이 있는 것으로 보아 더욱 그럴 개연성이 큰 건물이다.

봉암사는 그 어마어마한 역사와 수려한 자연 환경에도 불구하고, 일 년에 단 하루, 석가탄신일 때만 일반에게 개방한다. 그래서 호기심이 더하고 궁금증을 품게 하는 금단의 사원이다. 그러나 막상 개방된 내부로 들어가면, 가람 건축 자체는 짜임새도 없고 진정한 역사도 볼 수 없어 실망만 주는 사원이다. 비록 두 대사의 탑과 탑비가 조각적 감동을 주지만 부분적인 감동에 지나지 않는다.

그러나 여전히 자연은 감동적이다. 절 입구 양쪽에 서 있는 암벽은 자연적인 입구를 이루어 '석문'이라 부른다. 절 뒤 쪽에 전개되는 희양봉과 법왕봉, 반야봉 등 봉우리들은 하나의 바위로 형성된 우뚝한 봉우리여서 매우 강렬한 기운으로 절을 감싸고 있다. 여기서 끝나지 않는다. 절 위쪽 산책로로 더 올라가면 곧 계곡이 나오고, 계곡을 거슬러 오르면 의외의 마애불이 조각된 장소에 다다른다.

이곳이 바로 '옥석대玉石臺'라 부르던 봉암사 최고의 명승이요, 명당이다. 높이와 폭이 4m 정도의 수직으로 선 바위에 앉아 있는 부처님을 조각하고, 그 앞 계곡에는 100여 명도 앉을 수 있는 너럭바위가 펼쳐진다. 암반에는 '백운대白雲臺'라는 글씨를 새겼는데, 이곳을 거쳐 간 스님들은 최치원의 친필이라고 주장한다. 마애불은 가부좌를 튼 채 두 손으로 한 가지의 연꽃을 들고 있으며, 입을 굳게 닫고 있어서 마치 영취산에서 염화시중拈華示衆의 설법을 하고 계신 모습이다.

가람 뒤 계곡에는 '골판장'이라 부르는 야외 법당이 마련되었다.

부처는 숲 속 보리수 아래서 해탈을 얻었고, 초원의 대자연에서 최초의 설법을 행했다.

자연은 최고의 수행소요, 설법당이다.

영취산에서 범천이 석가여래에게 설법을 청하며 연꽃을 바쳤다. 여래는 연꽃을 들어 아무 말 없이 대중들에게 보여 주었고, 수제자인 가섭만이 그 뜻을 알고 미소를 지었다. 그 순간, 부처의 마음은 가섭에게 전해져 이심전심以心傳心이 되었다. 부처의 마음은 선禪이 되어 가섭에게 전해지고, 가섭의 마음은 또 제자에게 전해졌다.

봉암사에서 수도하는 스님들은 이곳을 '골판장'이라 부르는데, 봉암사 수행 중 가장 기억이 남는 장소였다고 한다. 또 다른 이름은 야외법당이다. 이곳은 야외에 있는 지대방선원의 휴식방이자, 천장 없는 선방이기도 하다. 너럭바위 끝한 부분을 돌로 치면 뎅뎅하는 종소리가 들리는데 관조스님 생전에 스님에게 이끌려 이 골판장에 간 적이 있다. 스님은 봉암사의 건축물들엔 관심이 없고 바로 이곳으로 인도하여, 이 야외법당의 장엄함을 보여 주었다. 스님이 직접 두드리는 너럭바위의 종소리는 아직도 생생하다.

그 종소리에 신기해 하다가 문득 부처님은 주로 야외에서 설법했다는 지극히 상식적인 사실을 깨닫게 되었다. 더운 지역인 인도에서, 아직 사원도 건립되지 않은 상황에서는 야외설법이 너무나 당연한 일이었다. 부처는 사르나트의 초원에서 5명의 비구들에게 최초의 설법을 했다. 이 역사적인 사건을 '녹야원의 초전법륜'이라 부른다. 최초의 설법은 부처가 깨달은 중도와 사성제와 팔정도를 담았다. 불교의 가장 기본이 되고, 가장 위대한 깨달음이었다. 그 초원에서 비구들만 불법을 들은 것이 아니다. 수많은 사슴들이 부처의 깨달음을 들었고, 들판의 초목들과 그 사이로 부는 바람도 부처의 음성을 들었다.

불가에서 자연이란 지수화풍地水火風의 사대四大로 이루어진 세계라 보았고, 인간 역시 사대의 물질에 의식識이 더해진 존재라고 보았다. 식을 뺀다면 인간과 자연은 곧 같은 물질이고 하나이다. 세계와 내가 하나가 되는 범아일여梵我一如의 상태가 될 때 비로소 진정한 깨달음을 얻게 된다. 부처가 도시도 아니고, 건

36세의 성철 스님은 이 봉암용곡으로 들어와
"내일 굶어 죽더라도 오직 부처님 법대로만 한 번 살아 보자."라는
원을 세우고 봉암사 결사를 일으켰다.
초기 승단의 전통으로 돌아가 매일 108배를 행하고,
포살을 규칙화했다. 봉암사는 현대 불교를 정화하고
조계 종단의 규율과 전통을 확립하는 원천이 되었다.

물도 아닌 초원에서, 자연에서 초전법륜을 시작한 의미가 여기에 있는 것이다. 나는 불교 건축을 연구한다면서도 수십 년 동안 법당 건물만을 들여다보고 있었다. 사찰을 둘러싼 모든 자연이 가람인 것을 깨닫지 못한 이 어리석음의 업을 어찌 씻을까?

1947년, 36세의 성철스님은 이 봉암용곡으로 들어와 "내일 굶어 죽더라도 오직 부처님 법대로만 한 번 살아 보자."라는 원을 세우고 봉암사 결사를 일으켰다. 청담, 자운, 우봉 등 현대 불교사의 쟁쟁한 스님들과 함께 일제강점기와 해방 공간을 지나며 왜곡되고 쇠약해진 불교를 자신들의 철저한 수행생활로 일신하려 했다. 초기 승단의 전통으로 돌아가 108배를 행하고, 포살을 규칙화했다. 비단 가사를 버리고 먹물 들인 무명을 입었으며, "일하지 않는 자 먹지도 말라."며 울력을 통한 자급자족의 생활을 실천했다. 그리고 엄격한 수행을 통해 깨달음을 추구했다. 불과 20여 명에 불과한 승려들의 노력은 결실을 거두어, 현대 불교를 정화하고 현재 조계종의 정신적 규율과 전통을 확립할 수 있었다.

봉암사에 건축은 없다. 그러나 건축보다 훨씬 위대한 건축, 자연이 살아 있다. 신라의 도헌도, 고려의 긍양도, 반세기 전 성철도 봉암사에 웅지를 튼 것은 건축물 때문이 아니었다. 그들이 만난 곳은 법당도, 누각도, 어떤 아름다운 건물도 없는 곳이었다. 은산철벽으로 둘러싸인 태고의 자연 뿐이었다. 그들은 봉황 같은 산과 용 같은 물만을 의지하고 큰 뜻을 펼쳤다. 이 글의 사진을 찍었던 관조스님과 이곳을 거쳐 간 무수한 스님네들도 건축물이 아닌 자연 속에서 처절한 수행을 행했다. 부처도 그랬다. 녹야원의 들판에서, 영취산의 산록에서 법을 설했다. 그것은 인간의 말이 아니라 자연의 웅변이었다.

내금강에 남아 있는 표훈사 역시 한국전쟁으로 많은 부분이 사라졌다.
그러나 표훈사를 감싸고 있는 법기봉은 변함없는 자태를 지키고 있다.
금강산을 법기보살이 계시는 불국토라고 인식한다면,
표훈사는 금강산 신앙의 중심이며, 출발점이다.

만폭동의 · 사암들 ·

선경 속에
별이 된
건축들

　이 땅의 산과 계곡은 한국의 절집들을 낳고 키워 주었다. 경치 좋은 골짜기마다 유명한 사찰들이 있고, 이름 있는 봉우리마다 암자들이 자리 잡았다. 산과 계곡은 어미요, 사찰과 암자는 자식인 셈인데 이 모자관계에는 하나의 원칙이 있다. 하나의 골짜기에는 하나의 사찰만 둔다는 '1곡1사'의 원칙이다. 예컨대 지리산에는 수십 개의 사암이 있지만 피아골에 연곡사, 칠선골에 벽송사, 목통골에 칠불사 등 하나의 골짜기에 하나의 사찰이 자리 잡았다. 마치 밤하늘에 하나의 달이 떠 있듯이 하나의 사찰은 한 골짜기의 주인공이 되었다.

　그러나 금강산의 내금강 계곡은 예외다. 이 계곡에는 큰 절집만도 장연사, 장안사, 표훈사, 정양사 등이 있고, 이름난 암자인 백화암, 보덕암, 마하연, 묘길상 등 30여 암자가 가깝게는 불과 몇백 미터 사이에 연이어 자리 잡고 있다. 가히 사암들의 행랑이라고 할 수 있다. 무슨 이유에서일까?

　우선 수십 개의 사암들, 여기에 속한 수백 수천 명의 승려와 권속들이 먹고 살 만한 막대한 시주가 있었고, 그 시주가 가능할 만큼 무수한 이들이 이곳을 찾았기에 가능한 일이었다. 고려 말 유학자였던 이곡은 "황제의 하사품을 가지고 가는 사신들이 길에 잇달았고, 전국의 부녀자들이 공양물을 말과 소에 싣고, 또는 이고 지고 와서 중들에게 보시하는 자가 줄을 지었다."고 했다. 또한 같은 시대의 문인 최해는 "표훈사와 장안사 등은 모두 국가에서 건설하고 지원하고, 산중의 암자가 해마다 100개씩 불어나 이들을 지원하는 인근 주민들의 원성이 자자하다"고 비판할 정도였다.

한국뿐 아니라, 중국 불교도들도 금강산을 담무갈曇無竭, 법기보살 보살이 사는 곳으로 믿어 왔다. 화엄경 입법품계에 "법기보살은 2,000명의 권속을 거느리고 금강산에 상주한다."고 했다. 화엄경의 보살주처품은 다른 주요한 보살들이 사는 곳도 밝히고 있다. 중국인들은 이를 원용하여 관세음보살이 산다는 보타산, 보현보살의 아미산, 문수보살의 오대산, 지장보살의 구화산을 '4대 성산'으로 믿었다. 금강산은 중국 땅 바깥에 있는 중요한 보살의 상주지로서, 이른 시기부터 중국에도 유명한 곳이었다. 중국의 사신이 고려나 조선에 오면 금강산에 꼭 들려 보기를 희망했던 까닭이다. 한국의 불교도들은 금강산의 모든 봉우리가 마치 만불상과 같다고 하여, 실제 봉우리 수 1,200개의 10배인 12,000봉의 설화를 만들었고, 이들에게 지장봉, 관음봉, 보현봉, 석가봉, 달마봉, 시왕제봉, 가섭봉, 비로봉 등 불보살의 이름을 붙였다. 금강산을 단순한 법기보살의 주처를 넘어서, 모든 부처와 보살이 상주하는 거대한 법계로 확장시킨 것이다.

그러나 한국인은 물론이고 중국인들까지 금강산 구경이 일생의 소원이었던 이유는 이러한 교리적 원인에만 있는 것은 아니다. 무엇보다 금강산은 아름답다. 크고 화려할 뿐 아니라 1,200개 봉우리의 생김새가 서로 달라 다양하고 기기묘묘한 경치를 이루고 있다. 금강산의 장엄함은 신적 존재가 계획한 거대한 예술품과 같아 숭고미의 극치를 이룬다. 담무갈 보살의 주처라고 믿을 만큼 인간을 초월하는 힘이 있어서 신앙의 대상이 될 수밖에 없다.

또한 금강산은 산봉우리들이 첩첩이 둘러싸고, 그 사이로 수많은 골짜기가 있어서 그야말로 심심산골을 이루고 있다. 그만큼 깊은 곳이기에 수많은 수행자와 은둔자들이 이곳에 찾아들었다. 화엄종 일색이었던 신라 불교계에 미륵신앙이라는 비주류의 기치를 든 진표율사가 박해를 피해 이곳에 와 발연사를 세웠고, 신라 마지막 왕자인 마의태자도 금강산에 들어와 한 많은 속세와 인연을 끊었다. 선녀와 나무꾼 설화의 고향이 될 정도로 금강산은 바깥 세계와 전혀 다른 별천지였다. 이들에게 금강산은 바깥세상에서 받은 상처를 의탁하고 치유할 수 있는 비장한 장소였다.

그러나 내금강의 만폭동이나 외금강의 옥류동 계곡은 곱게 다듬어진 부드럽고 둥글둥글한 바위들과 시원한 그늘을 제공하는 낙락장송들이 어우러져 선경을 만든다. 그 사이로 부드럽고 때론 격렬하게 흐르는 계곡의 물소리를 들으며 오르면, 인간과 자연이 하나로 조화되는 것 같은 우아한 아름다움을 선사한다. 금강산은 숭고하고, 우아하고, 비장한 아름다움을 동시에 갖고 있다. 그래서 관광객에게는 최고의 비경이 되고, 불교도에게는 가장 영험한 기도처이며, 수행자에게는 최상의 수도원이고, 은둔자에게는 비밀의 도피처가 되는 다양한 얼굴을 드러낸다.

남북 분단 이후 반세기 동안 닫혀 있던 금강산이 드디어 1998년 문을 열었고, 2007년 6월에는 내금강까지 개방함으로써 금강산 관광을 완성한 듯 보였다. 그러나 불과 일 년만인 2008년 7월 11일 관광객 피격사건으로 금강산 관광은 전면 폐쇄되어, 2013년 지금까지 갈 수 없는 북한 땅으로 남아 있다. 아직도 그날, 그 계곡의 우람한 물소리와 절터들의 처연한 풍경과 절집을 감싸는 신비한 풍광을 잊을 수 없다. 금강산 만폭동 계곡에 들어서서 마주한 장안사 터, 백화암 터, 표훈사와 보덕암, 마하연과 묘길상 등의 모습은 세월이 꽤 지났지만 아직도 기억 속에 또렷이 남아 있다. 폐쇄되기 꼭 열흘 전, 내금강에 갈 수 있었던 작은 기적이었다.

내금강 가장 중요한 계곡은 내강리에 있었던 장연사 터부터 시작한다. 장연사는 고려 말 창건된 소규모 사찰로 폐사된 지 오래되어 별다른 흔적은 없지만 3층 석탑 하나가 남아서 '금강산 3대 불탑'이 되었다. 장연사 터를 지나면 드디어 계곡 건너 넓은 평지에 펼쳐진 장안사 터에 이른다. 장안사는 표훈사, 유점사, 신계사와 함께 '금강산 4대 사찰'로 꼽힌 명찰이다. 고려 충혜왕 때 원나라 순제의 부인인 기황후가 직접 후원금과 장인들을 보내 중창했고, 그 화려함이 중국 땅까지 회자했다고 한다.

장안사는 금강산의 서쪽 입구와 같은 위치여서 조선조에도 세조가 토지를 하사해 중창했고, 19세기 중반에는 당대 세도가였던 풍산 조씨와 안동 김씨 가문에서 후원하여 대대적으로 중창한, 금강산을 대표하는 사찰이었다. 그러나 6·25 전쟁 때 모두 불타서 지금은 기단석과 계단, 몇 개의 초석들만 풀밭 속에서 흔적을 남기고 있을 뿐이다.

장안사 터에서 벽류를 거쳐 울소를 지나면 삼불암 터에 다다른다. 물론 암자는 사라졌지만, 삼각형 바위 둘이 길 좌우에 서서 일종의 돌문을 이루고 있다. 이 돌문부터 계곡을 '표훈동천'이라 하여 하류의 장안사 영역과 경계를 이룬다. 장안사 쪽 바위 면에는 삼존불을 새겨 '삼불암'이라는 이름을 얻게 되었고, 표훈사 쪽으로는 두 명의 보살상과 60여 구의 작은 불상들을 새겼다. 얼굴이 크고 정형적이며, 옷자락은 도식적인 조각이어서, 대자연의 표훈동 입구로는 뭔가 어색한 느낌이다.

삼불암 상류에는 백화암이 있었는데, 지금은 7기의 부도와 3기의 탑비만 서 있는 부도밭만 전하고 있다. 그 부도들 가운데 임진왜란 극복의 주체였던 청허당 휴정의 부도가 남아 있다. 휴정은 구국 승병의 총사령관이었던 서산대사로 알려졌다. 73세의 고령으로 전국 승병을 지휘했던 휴정의 활약으로 왜군의 침략에서 조선을 보존할 수 있었음은 물론, 조선불교가 다시 중흥하는 데 지대한 역할을 한 장본인이다. 그가 백화암에 오래 머물렀기 때문에 휴정의 사리탑이 여기에 모셔진 것이다.

드디어 표훈사表訓寺다. '금강산의 4대 사찰'이라고는 하지만 그다지 큰 가람은 아니다. 원래 20여 동의 건물을 가진 꽤 큰 규모였지만 6·25 전쟁 때 많은 부분

금강산 최대 사찰이었던 장안사 터. 고려 말 원나라 황후인 기황후가 직접 후원금과 장인들을 보내 중창했고, 조선 말까지 나라 안의 세도가들이 후원했던 명찰이었다.

좌   삼불암. 장안사와 표훈사의 경계에 놓였다.
우   백화암 터의 부도밭

이 소실되었다가 부분적으로 복원하여 지금의 모습이다. 4대 사찰 가운데 이 정도라도 보존된 것은 표훈사뿐이다. 고려 말 원나라의 황제가 금품을 하사하여 크게 중창했고, 조선 초 명나라 사신들이 금강산 유람 시에 자주 들렀다는 기록이 있다. 18세기 중반, 최북이 그린 〈표훈사도〉를 보면 2층의 주불전을 중심으로 꽤 짜임새와 운치가 있는 가람이었다. 현재는 마당 가운데의 고려시대 7층 석탑과 긴 장대석을 쌓아 만든 계단 정도가 눈에 뜨일 뿐이다.

　표훈사의 가치는 건축물에 있지 않다. 바위 밭으로 이루어진 개울을 건너면 우측으로 작지만 우뚝한 바위산인 법기봉이 솟아 있고, 그 언저리 평지에 가람을 펼쳐 놓았다. 원래 주불전인 반야보전에는 화엄경에 나오는 법기보살의 장륙상16척, 곧 4.8m의 불상을 모셨고, 보살상의 방향을 동쪽 법기봉으로 향해 놓았다고 한다. 금강산을 법기보살의 주처라고 신앙했다면, 그 신앙의 진앙지는 법기봉과 법기보살을 모신 표훈사라고 할 수 있다.

표훈동 계곡을 잠시 벗어나 표훈사 뒷산으로 800m 산길을 오르면 자그마한 정양사正陽寺가 자리 잡고 있다. '금강산의 정맥에 자리 잡아 볕이 바른 곳'이라는 뜻의 절 이름이다. 현재는 6각 석등-석탑-6각 약사전-반야전이 일렬로 남아 있다. 육각형으로 생긴 석등이나 약사전의 모습이 예사롭지 않다. 원래는 이처럼 소략한 절은 아니었다. 정양사 역시 6·25 전쟁으로 많은 전각들이 사라졌다. 특히 누각 강당인 헐성루歇惺樓는 온 금강산 가운데 가장 경관이 뛰어난 중심지에 세운 누각이었다. 누각에 오르면 금강산의 유명 봉우리들을 거의 다 볼 수 있었다. 그 앞에는 '지봉대'라는 주변 40여 개 봉우리 이름을 새긴 원추형 돌을 두어, 유람객들이 바라보는 봉우리의 이름을 알 수 있도록 고안했다고 한다. 표훈사가 금강산의 신앙적 중심지라면, 정양사는 경관의 중심지라 할 수 있다.

다시 표훈동으로 내려와 상류 쪽으로 조금 지나면 두 개의 큰 바위가 서로 이마를 맞댄 삼각형의 돌문이 있는데, 이를 '금강문'으로 부른다. 금강문부터 화룡담까지 계곡이 만폭동이다. 수많은 폭포와 소가 어우러진 계곡이라는 뜻이다. 여기에는 깎아지른 절벽 위에 매달은 법당인 보덕암이 돋보인다. 화룡담에서 갈래 계곡을 따라 500m쯤 오르면 마하연이라는 선방 터가 나타난다. 금강산의 준봉들 사이 평지에 놓인 이 건물 터는 53칸의 방을 가진 대규모 선방으로, 주변의 수승한 경치처럼 효험이 좋아 전국 승려들의 이름난 수행처였다. 워낙 기가 세고 기도발이 좋은 곳이라, 내공이 시원찮은 스님이 이곳에서 수행하면 그 기를 감당하지 못했다. 그래서 금강산 마하연 출신이라 하면 선가에서도 알아주었다고 한다.

내금강 계곡 전체가 다 아름답지만 그중에서 백미를 꼽으라면 만폭동이다. 어차피 어설픈 묘사로는 만폭동의 위대한 경관을 그려낼 수 없으니, 3세기 전에 겸재 정선이 그린 〈만폭동도〉의 그림으로 대신하자. 겸재 특유의 가늘고 힘찬 필법의 고준한 봉우리들이 수직으로 겹쳐 먼 화면을 채우고, 가까운 봉우리는 둥글고 부드러운 반면, 예의 고준한 암벽들이 둥근 봉우리 사이로 날카롭게 파고든다. 'S'자로 유려하게 펼쳐지는 계곡물은 물안개를 뿜어내며 귀가 멍멍할 정도의 물소리로 계곡을 가득 메운다. 그 사이 사이에 곧게 자란 금강송들이 마치 물소리에 춤을 추듯, 리듬을 타며 솟아 있다. 이 엄청난 경치를 한 무리의 유람객들이 바라보며 감상하고 있으니, 한 사람은 안내하는 선비이고, 다른 한 사람은 구경을 온 선비이며, 한 명의 시동이 따르고 있다. 그들이 느꼈을 감동이 시각으로, 청각으로 그대로 전해지는 명작 중의 명작이다.

겸재 정선의 〈만폭동도〉

마하연 갈래길을 지나 사선교까지 2km 구간의 계곡을 '화개동'이라 부른다. 현재 화개동의 중심지는 '묘길상'이라는 이름의 거대한 벼랑부처이다. 큰 바위 벽에 새긴 마애 좌상으로서, 높이 15m, 두 무릎 사이의 거리만도 9.4m에 달한다. 험준한 금강산과 어울리는 크기이며, 고려시대 솜씨로서 투박함과 묘한 섬세함을 같이 가진 불상이다. 대략 여기까지가 내금강 계곡에 전개된 주요한 불교 유적들인 셈이다. 물론 사이사이 이름을 확인할 수 없는 수없이 많은 암자 터들도 발견할 수 있다.

겸재는 예의 〈만폭동도〉를 그리면서 기가 막힌 화제를 덧붙였다. 중국 동진의 화가 고개지顧愷之가 지었다는 절창을 인용했는데, 내금강 계곡의 경관에 딱 들어맞는 묘사이다.

천개의 바윗돌 다투어 빼어나고
만 줄기 계곡물 뒤질세라 내닫는데
초목이 그 위를 덮고 우거지니
구름이 일고 아지랑이 자욱하네

바위와 물과 숲에 어리는 물안개와 하늘에 떠 있는 구름들. 이 선경과 같이 아련한 자연 속에 점점이 사찰과 암자들이 자리 잡았다.

16세기 기록인 『신증동국여지승람』에 금강산엔 내외 금강 모두에 108개소의 절과 암자가 있었다고 한다. 조선 말 영국인인 비숍 여사는 여기까지 와서 『금강산 기행문』을 썼다. 여사는 사찰이 52개, 암자가 55개가 있었고, 400명의 비구와 50명의 비구니, 그리고 행자 1,000명이 기거한다고 기록했다. 그러나 많다면 많을 사암들도 금강산 속에서는 존재감을 드러내기 어렵다.

금강산은 지리산이나 백두산에 비해서 결코 큰 산은 아니지만 가장 복합적

위　표훈동 상류의 '금강문'. 여기를 지나면 만폭동 계곡이 전개된다.
아래　마하연 터. 53칸의 방을 가진 대규모 선방이었다.

위　화개동 계곡의 중심에 자리 잡은 마애불.
'묘길상'이라는 이름의 부처로 험준한 금강산의 스케일에 어울리듯
높이 15m의 대형불이다.
아래　최북의 〈표훈사도〉

인 산이다. 수많은 봉우리와 숲과 물이 이루는 경관은 숭고미와 비장미와 우아미를 모두 갖고 있기 때문이다. 이처럼 여러 모습의 얼굴을 가진 산이 있을까? 이처럼 완벽한 아름다움을 가진 계곡이 있을까? 그래서 금강산은 거대한 우주가 되었고, 백여 개의 사암들은 별과 같이 이 거대한 우주를 더욱 아름답게 장식하고 있다. 그 별들은 과거에 빛을 발하다 사라진 것도 있고, 약해지기는 했지만 지금도 빛나는 것도 있으며, 복원된 신계사와 같이 다시 폭발하여 밝게 빛나는 것도 있다. 별들이 모인 금강산은 영원할 것이다.

사불산 정상의 사불암에서 서쪽을 보면,
골짜기에 윤필암을, 건너편 산 중턱에 묘적암을 볼 수 있다.
사불암 설화는 신라가 불교를 공인하고
한창 국력을 신장할 때 형성되어,
일대 불교의 성지가 되었다.

문경·사불암·

부처를 보는
세 가지 시선

『삼국유사』 권3, 「제4 탑상」 편에는 지금의 문경 땅, 사불산에서 일어난 이적을 기록하고 있다. 신라가 불교를 공인하고 한창 국력을 신장할 때의 일이다.

"죽령 동쪽 백리쯤 되는 곳에 우뚝 솟은 높은 산이 있는데, 진평왕 9년587년에 갑자기 네 면이 한길이나 되는 큰 바위가 나타났다. 그 돌의 네 방향에 불상을 새기고 모두 붉은 비단으로 싸여 있었는데, 하늘에서 그 산 마루에 떨어진 것이다. 왕이 이 말을 듣고 그곳으로 가서 그 돌을 쳐다보고 나서 드디어 그 바위 곁에 불전을 세우고 절 이름을 '대승사'라 하였다. 이름은 전하지 않으나 『묘법연화경』을 외는 스님을 청해서 이 절을 맡기니 도량을 깨끗이 쓸고 향불을 끊지 않았다. 그 절을 '역덕산亦德山'이라고 하고, 혹은 '사불산'이라 한다. 그 절의 중이 죽어 장사 지냈더니 무덤 위에 한 쌍의 연꽃이 피었다."

사불산四佛山의 기록 뒤에 굴불산掘佛山과 만불산万佛山 이야기를 연이어 한 편의 기록으로 묶었다. 사불산은 사방불이 하늘에서 떨어졌다면, 경주의 굴불산은 사방불이 땅속에서 솟아났고, 신라인들이 만든 공예품인 만불산은 당나라로 수출되어 큰 인기를 끌었다는 내용이다. 일연스님은 이 세 사건을 묶어서 천·지·인 삼재三才에 부처님의 풍도를 두루 퍼지게 한 이적이라 칭송했다.

문경 사불암은 사불산공덕산 산마루 암반 위에 서 있다. 아마도 별도의 바위에 사면불을 조각하여 이곳에 옮겨 세운 것으로 보인다. 1,500여 년 긴 세월 동안, 산마루에서 비바람에 씻겨 지금은 형체를 알아보기 어려울 정도로 마모가 되

부처는 산이요, 가람은 자연이다 243

었다. 자세히 살펴보면, 동서면은 앉아 있는 부처를, 남북면은 서 있는 부처를 조각하여 일정한 원칙이 있었음을 확인할 수 있다. 사불암 주변으로 가운데를 움푹 파서 빗물이 담긴 돌확과 같은 바위도 있고, 주변에 기와편도 흩어져 바로 옆에 작은 암자가 있었나 궁금해진다. 사불암으로 오르는 등산로 곳곳에도 건축물의 흔적이 있다.

공덕산 사불암은 신라 때부터 불교의 성지이자, 민간 신앙의 중심지였다. 또한 백두대간 남사면에 위치하여 당시 신라의 국경지대에 조성된 전진기지였다는 추측도 가능하다. 현재 일대에 남아 있는 사찰들도 모두 사불암의 인연 때문에 세워졌다. 사불암 동남쪽 아래에 유명한 대승사가 있고, 서쪽 아래에는 윤필암, 그리고 그 위 서쪽 능선에는 묘적암이 자리 잡았다. 세 절 모두 신라와 고려시대에 창건한 유서 깊은 곳들이지만 이런 저런 사정으로 건물들은 해방 이후의 것들이다. 세 절은 창건한 연대도 서로 다르고, 규모도 다르며, 사찰의 성격도 다르다. 그러나 이들 간에는 뚜렷한 연관성이 있으니, 곧 사불암과의 관계이다.

『삼국유사』 기록에 따르면 대승사는 사불암 출현과 같이 587년에 창건했다. 이후 사적은 전하지 않지만 오랫동안 사불산의 본찰 역할을 해왔다. 사불산은 그 기이함과 영험함 때문에 일반 불자들에게 이름난 기도처이며 이 산의 신성한 기운 때문에 수행자들에게는 필수적인 선방이기도 하다. 그러나 애석하게도 대승사의 모든 건물들은 1956년에 불타 버렸고, 현재의 가람은 최근에 중창한 것들이다.

대웅전 안, 불단 뒤에는 응당 후불탱화가 걸릴 자리에 나무판에 조각한 목각탱보물 제575호을 설치했다. 후불 목각탱은 이곳과 상주 남장사, 예천 용문사 등 국내에는 일곱 점 밖에 남아 있지 않다. 대승사의 목각탱은 원래 영주 부석사에 있던 것으로 매우 입체적이고 생생한 역작이다. 대승사 법당이 19세기 중

대승사는 사불산 자락을 등지고 자리 잡았다. 대승사 대웅전 뒷산에는 사불암이 있어 법당에 예불하면 뒷산에도 동시에 예불하는 것이 된다. 사불암이 있는 뒷산은 또 하나의 부처이기 때문이다.
위 　대승사 대웅전
아래　대승사 전경

죽령 동쪽 백리쯤 되는 곳에 우뚝 솟은 높은 산이 있는데, 갑자기 네 면이 한길이나 되는 큰 바위가 나타났다. 그 돌은 네 방향에 불상을 새기고 모두 붉은 비단으로 싸여 있었는데, 하늘에서 그 산마루에 떨어진 것이다.

위　묘적암에서 바라본 사불암
아래　비바람에 씻겨 형체를 알아보기 힘든 사불암의 조각반 불에 탄 후 1875년 재건할 때 목각탱만 옮겨 와 모셨고, 해방 후 화재에서도 극적으로 보존한 것이다.

대승사는 사불산을 등지고 가람을 조성했다. 뒷산에 기대어 조성한 일반적인 산사들과 크게 다를 바가 없는 배열이다. 여느 사찰들은 뒷산 바로 앞에 대웅전을 배치한다. 따라서 대웅전은 가람의 최종적인 전각이요, 대웅전 뒤는 비워 두어야 하는 곳이다. 단, 예외적으로 법보사찰인 해인사 법당 뒤에 팔만대장경을 보관한 장경판전을 배열했고, 승보사찰인 송광사 대웅전 뒤에는 설법당과 수선당 등 승방이 자리 잡았다. 대승사 대웅전 뒷산에는 사불암이 있다. 왼쪽 능선을 넘어 있기 때문에 사불암을 직접적으로 볼 수는 없지만 대승사에서 가장 중요한 대상이 바로 사불암임을 암시한다. 법당에서 예불을 하면 사불암이 있는 뒷산이 또 하나의 부처이기 때문에 사불암에 대한 예불도 동시에 드리는 게 된다.

  대승사에서 윤필암으로 가는 길에 깎아지른 암벽에 새긴 고려시대 마애불이 있다. 이 일대의 바위들은 수직면으로 쪼개지는 현상을 보이며, 사불암에 사용한 사각기둥 바위와 같이 네 면이 쪼개진 바위들도 어렵잖게 찾아볼 수 있다. 지질학적 특성을 이용하여 마애불을 새기고, 사방불상까지 새긴 것이다.

윤필암은 신라 때 의상대사의 배다른 동생인 윤필거사潤筆가 이곳에서 수행했다 하여 이름이 붙었다. 이때부터 작은 수행처는 있었을 것으로 보이지만 여러 기록에는 1380년우왕 6년 각관대사가 창건하여 본격적인 가람을 연 것으로 나타난다. 지금의 건물들은 모두 1950년대 이후에 새로 건립하여, 비구니 선원으로 명성을 얻고 있다. 승방과 선방들은 남향으로 앉아 있는데, 중심 법당이라 할 수 있는 사불전은 가람의 한쪽 끝 높은 지대 위에 동향으로 앉았다. 가람의 전반적인 위치나 방향과 달라서 뭔가 특별한 목적과 의도를 가지고 건립한 법

윤필암은 사불암을 올려다보는 위치에 사불전을 지었다.
사불전 안에는 불상이 없다. 불상이 있어야 할 자리에
큰 창을 두어, 창을 통해 보이는 앞산 위의 사불암을
불상으로 삼았기 때문이다. 반사유리로 된 창의
바깥에선 사불암이 반사되어 나타난다.
법당 안과 바깥에서 동시에 사불암은 인차된다.

당임을 눈치 챌 수 있다.

사불전 내부에 불단은 있지만 불상이 없다. 대신 큰 유리창을 달았고, 그 창을 통해 멀리 앞 능선에 있는 사불암을 바라본다. 앞산의 사불암이 이 법당의 불상인 것이다. 한국 건축의 뛰어난 조망 수법으로 인차(引借)의 원리를 든다. 멀리 있는 자연의 경치를 건축 안으로 끌고 들어오고, 자연을 빌려 인위적인 경치를 만든다는 의미다. 멋진 산이나 강을 바라보는 위치에 정자를 짓는 까닭은 정자 안에서 이들 경치를 감상하기 위함이다. 이때 자연의 경치는 정자라는 건축물 속으로 선택되어 들어오게 된다. 마찬가지로 윤필암 사불전은 인차의 원리를 종교적인 목적으로 변용하여 멀리 사불암을 끌어당겨 법당 안으로 빌려왔다. 비록 건물은 작지만 스케일은 무척 큰 수법이다.

실내에 불상을 두지 않고, 창을 통해 바깥에 있는 사물을 신앙의 대상으로 삼는 수법은 주로 보궁계 법당에서 사용했다. 통도사 대웅전은 바로 뒤에 있는 진신사리탑을 법당의 주불로 삼았고, 정선 정암사의 적멸보궁은 뒷산에 세운 수마노탑을 신앙의 대상으로 삼았다. 그러나 윤필암 사불전과 같이 계곡 건너 멀리 있는 지형지물을 인차한 예는 없다.

사불전의 창은 반사유리를 사용했다. 바깥에서 법당 정면을 바라보면 유리창에 반사된 등 뒤의 풍경, 즉, 건너편 능선의 사불암이 나타난다. 법당 안에서도, 바깥에서도 인차 효과를 노린 결과다. 비록 사불전은 20세기의 작품이지만, 그 단순하면서도 의미 있는 아이디어가 대단하다.

윤필암은 수덕산 견성암, 오대산 지장암과 함께 '전국 3대 비구니 선원'으로 이름이 높다. 특히 이 절의 사찰음식은 최고의 솜씨를 자랑하여 여러 차례 소개된 바가 있다. 도량을 가꾼 솜씨도 음식에 못지않다. 비교적 큰 규모의 선방과 승방들을 지으면서도 지형을 거스르지 않고, 비구니 사찰답게 정원과 화초를 가꾸면서도 번잡하지 않다. 곳곳에 정성이 보이는 연못과 다리와 계단과 작

묘적암은 능선 가까이 급경사에 위치한 작은 암자이다.
여기서는 사불암 능선을 마주보게 되었다.
여기서 수행하는 이들은 방문을 열면,
마당에 서면, 예불을 마치고 돌아앉으면
언제든지 앞 능선의 사불암을 바라볼 수 있다.

은 꽃밭들이 어우러져 아늑하고 정갈한 도량을 가꾸었다. 게다가 독창적인 사불전을 세워 마침표를 찍었다.

묘적암은 윤필암에서 더 서쪽 능선에 위치한 조그마한 암자다. 646년 신라의 부설거사가 창건했다고 전하며, 고려 말의 큰 스님인 나옹선사懶翁, 1320~1376가 이 암자에서 출가한 인연처이다. 암자의 터도 좁아 바위 사이의 좁은 진입로를 입구로 삼았으며, 한 동의 대방건물이 전부인 작은 규모다. 윤필암이 정갈하게 가꾼 도량이라면, 묘적암은 자연 그대로의 투박함이 돋보이는 암자이다.

  묘적암은 뒷산의 경사에 기대어 자리를 잡았기에 사불암 능선을 마주보는 형상이 되었다. 대방 안쪽에 법당을 모셨기 때문에 사불암을 등지고 대방에서 예불하게 된다. 얼핏 보면 사불암과 관계없이 암자를 지은 것으로 보이지만 이 암자는 예불보다는 승려 개인의 수행을 위해 만들어진 곳이다. 이곳에서 수행하는 이들은 방문을 열면, 마당에 서면, 예불을 마치고 돌아앉으면 언제든지 멀리 앞산의 사불암을 바라보게 된다. 예불은 순간의 의례지만 수행은 일상의 생활이다. 늘 사불암을 마주하는 그곳에서의 수행 효과는 상상할 수 있다.

세 절이 이 성스러운 사불암을 어떻게 바라볼까 하는 고민과 별개로 전혀 다른 시각도 있다. 사불암이 서 있는 산마루에 오르면, 기대와는 달리 사불암은 절묘하게 서 있는 바위 덩어리에 불과하다. 오랜 세월 마모되어 불상의 디테일은커녕, 전체적인 형상도 알아보기 어렵기 때문이다. 부분의 형상이 사라진 바위는 마치 민간 신앙의 대상인 남근석과 같이 보인다. 사불바위 주변의 바닥을 살펴보면, 여체의 사타구니 모양을 파낸 흔적도 쉽게 발견할 수 있다. 사불암과 겹쳐 보이는 각도에서 보면 마치 남녀가 교접하는 듯한 원초적인 모습으로 보인다. 대표적인 음양석 신앙의 대상이다. 근기에 따라 사면부처 바위가 이렇게도 보이는 모양이다.

위　　윤필암은 신라 의상대사와 배다른 동생인 윤필거사가 이곳에서 수행하여 붙여진 이름이다. 지금의 건물들은 모두 1950년대 이후에 새로 지은 것으로, 현재는 비구니 선원으로 이름을 얻고 있다.
아래　윤필암의 사불전

대승사, 윤필암, 묘적암은 신앙의 대상과 사찰이 맺을 수 있는 건축적·풍경적 관계를 다양하게 보여 준다. 대승사는 사불암을 등지고 법당을 배열하여, 주불전 뒤에 또 하나의 겹쳐진 신앙적 대상으로 삼았다. 모든 신도들은 대웅전의 불상을 예불할 때 당연히 뒷산 정상에 있는 사면불을 동시에 향하게 되는 중첩적 관계를 맺는다. 윤필암은 법당의 불전을 없애고 창문을 통해 멀리 떨어진 사불암을 바라본다. 사불암 자체가 이 절의 부처이고, 직접적인 신앙의 대상인 셈이다. 반면 묘적암은 법당이 사불암과 마주 앉아 있다. 예불은 법당 안의 불상에게 드리지만, 수행자들은 늘 사불암을 바라보면서 일상적인 신앙의 대상으로 받든다.

사불암은 대승사의 중첩된 법당이 되지만, 확장된 윤필암의 법당이 되며, 묘적암과는 마주보는 또 다른 법당이 된다. 대승사는 사불암을 등지고 있지만, 묘적암은 사불암을 바라보고 앉았고, 윤필암은 사불암의 옆으로 앉았다. 세 절이 사불암과 맺고 있는 공간적 관계는 서로 다르다. 하지만 사불암은 세 사찰의 공통된 야외 법당이 되어, 떨어져 있지만 하나의 거대한 가람을 이루게 된다. 하나의 부처를 보는 세 개의 다른 시선, 깨달음이라는 같은 목표를 향한 세 개의 다른 구도의 길과 같다. 사불산을 무대로 펼쳐지는 거대한 건축적 방편설이다.

배 모양으로 생긴 큰 바위의 이름은 용선대이다.
그 위에 당당한 부처님 한 분을 모셨는데, 오똑한 연화좌대 위에
온화한 미소를 지으며 허공을 바라보는 모습이다.
바위는 허공을 향해 떠나는 배와 같고,
불상은 그 배를 지휘하는 선장과 같다. 허공은 무한한 시공의 바다요,
그 너머 어딘가에 극락이 있다.

창녕 · 관룡사

바위는 극락이며
절집은 우주

 혼히 '본생담本生譚'으로 부르는 원시 경전 『자타카』에는 부처 전생의 희생과 구도에 대한 예화들이 기록되 있다. 석가모니는 어느 전생에 한 나라의 왕으로 태어났다. 그는 모든 사람들을 고통을 덜어주기 위해 자신의 몸을 희생해도 좋다고 서원했다. 눈먼 구도자가 나타나자 왕은 자신의 두 눈을 뽑아 그에게 주었다. 그렇게 한 번의 생이 지나갔다. 어떤 삶에는 작은 앵무새로 태어났다. 온 산에 불이 붙어 모든 육지 동물들이 울부짖을 때, 이 앵무새는 자신의 작은 몸에 물을 묻혀 거대한 산불을 끄려 했다. 어찌 보면 지극히 어리석은 노력이지만 앵무새의 헌신은 하늘의 신들을 감복시켜 큰 비를 내려 산불을 끄게 했다. 『자타카』에는 이처럼 고귀한 희생의 이야기가 기록되어 있다.

 불교는 어떤 초월적인 대상을 믿어서 구원에 이르는 종교가 아니다. 석가모니는 지난한 수행을 통해 스스로 깨달아 부처가 되어 영원한 해탈을 이루라고 가르쳤고, 그래서 불교를 '자성의 종교'라 부른다. 그러나 해탈이란 쉬운 길이 아니다. 『자타카』의 예화는 석가모니 자신도 구도의 열망과 희생으로 가득한 삶을 수백 번이나 윤회한 끝에, 그 쌓이고 쌓인 좋은 업의 결과, 현세에 와서야 비로소 해탈에 이르렀다는 걸 가르친다.
 이번 생의 선업으로만 이룰 수 없는 게 해탈이니, 보통 사람으로는 거의 불가능한 경지다. 인간은 윤회의 굴레를 벗어날 수 없는 유한한 존재이기에 어차피 다시 태어나야만 한다. 어차피 윤회할 것이라면, 생로병사의 고통으로 가득한 이 세상이 아닌, 아픔도 죽음도 없이 즐거움과 행복만으로 가득한 세상에 태어나기를 바란다. '그런 세상이 어디에 있을까?', '그런 곳으로 보내 줄 초월자는 어디에 계실까?' 성불하지 못한 종교적 아쉬움은 남지만, 그러한 행복한 세상에 다시 태어날 수만 있다면 그쯤의 아쉬움은 각오할 수 있다.

이 세상으로부터 서쪽으로 십十 항하사 만큼의 불국토를 지나면 극락세계가 있다. '항하사恒河沙'란 '갠지즈 강의 모래 수'라는 불교의 독특한 단위로 무한대에 가깝다. 하나의 불국토는 하나의 우주를 뜻하며, 무수한 은하계를 지나 저 우주의 머나먼 서쪽에 있다는 것이다. 현대 천문학적 지식으로 옮기자면, 155억 광년쯤 떨어져 있는 아벨 370 은하 정도 되지 않을까? 그곳은 모든 대지가 평탄하여 굴곡이 없고, 온 땅이 유리로 덮여서 한 점의 먼지도 없는 청정한 곳이다. 지옥도 아귀도 축생도 없고, 인간보다 못한 존재가 없기 때문에 윤회를 하더라도 손해 볼 것 없는 곳이다. 그 땅의 가로수는 일곱 가지 보석으로 장식되어 늘 밝고 찬란하다. 인간의 수명은 거의 영원하며, 온몸은 금빛으로 빛나고, 용모가 모두 출중해서 외모에 대한 콤플렉스가 없는 평등한 곳이다.

극락세계는 현세에서 이루지 못한 모든 것들이 이루어지는 곳이다. 극락은 더럽고 고통스러운 이 세상을 반대로 비춘 거울이기도 하다. 사찰들의 이상향은 지저분한 속세를 벗어난 청정 불국토이다. 수많은 사찰들이 극락을 모델로 만들어졌지만 그 가운데 창녕의 관룡사를 빼놓을 수 없다.

경상도 창녕 땅에 험준하지만 아름다운 바위산이 솟아 있다. '꽃 중의 왕'이라는 뜻의 화왕산이다. 겉보기와는 달리 산 위에 넓은 평원이 있고, 4월이면 붉은 철쭉이 마치 화염을 방불케 가득 피는 곳으로 유명하다. 화왕산 분지에서 동쪽으로 뻗어 나간 산맥은 다시 깎아지른 절벽을 형성하며, 일대에서는 이를 '병풍바위'라 부른다. 거의 수직으로 선 바위들이 마치 병풍같이 펼쳐져 있기

관룡사 뒷산은 '꽃 중의 왕'이라는 화왕산이다.

사월이면 붉은 철쭉이 마치 화염을 방불케 가득 피는 곳이다.

병풍바위는 크지도 작지도 않은 관룡사를 감싸고 있다.

범상치 않은 산에는 역시 범상치 않은 장소가 있다.

극락으로 가는 용선대다.

때문에 붙여진 이름이다. 절벽을 병풍삼아 크지도 작지도 않은 절이 아래쪽에 앉았으니, 바로 관룡사이다.

이 절은 비교적 이른 시기인 583년에 창건되어 후일 원효대사가 화엄학을 강설한 곳으로 유명해졌다 한다. 원효가 여기에 머무를 때, 화왕산 꼭대기에 있는 월영지 연못에서 아홉 마리의 용이 오색구름을 타고 등천하는 것을 보았다 하여 절 이름을 '관룡사'로 바꾸었고, 용들이 등천한 예의 병풍바위 산을 일컬어 '관룡산'이라 하였다. 급한 경사지에 자리 잡았기 때문에 가람의 터는 그다지 크지 않다. 그러나 대지를 잘 이용하여 많은 전각들을 배열하였고, 주된 영역인 대웅전 일곽과 그 앞 한 구석에 자리 잡은 약사전으로 구성된다. 멀지 않은 뒤쪽 깎아지른 관룡산의 절벽을 배경으로, 날렵하게 앉아 있는 대웅전의 모습은 자연과 일체를 이룬 한국 사찰 풍경의 절정을 보여 준다.

대웅전과 명부전 사이에서 시작하는 등산로를 따라 한 20분 오르면 '용선대龍船臺'라는 이름의 큰 바위에 이른다. 배 모양으로 생긴 큰 바위로 윗면은 평평하다. 그 위에 당당한 부처님 한 분을 모셨으니 이름하여 '용선대 석조 석가여래좌상'이다. 오똑한 연화좌대 위에 온화한 미소를 지으며 두툼하게 앉아, 허공을 바라보는 모습이다. 바위는 허공을 향해 떠나는 배와 같고, 불상은 그 배를 지휘하는 선장과 같다. 그래서 용선대라는 이름이 붙었다.

'용선'이란 '반야용선般若龍船'의 준말로 이승을 떠나 극락세계에 왕생할 때 그 무한한 시공간의 바다를 건너 극락으로 태워가는 진리의 배를 뜻한다. 극락왕생에는 9단계의 등급이 있는데, 평생 최고의 공덕을 쌓은 이들은 가장 높은 '상생상품'의 등급이 된다. 이들은 반야용선으로 타고 극락세계의 주인인 아미타불의 직접 안내를 받으며 극락세계로 간다. 용선대가 향하고 있는 허공은 무한한 시공의 바다요, 그 너머 어딘가에 극락이 있는 것이다. 용선대에 앉아 허공을 바라보는 석가여래 부처는 이승에서 생을 마감한 중생들을 머나먼 극락세계로

관룡사 입구인 돌로 된 산문

떠나보내며 내세를 축복하는 중이다. 황동규 시인은 「허공의 불타」라는 시에서 용선대와 부처를 소재로 시를 남겼다.

반야용선을 타고 극락으로 가는 모습은 이 고해의 세상을 사는 사람들 모두가 바라는 가장 희망찬 장면으로 불교미술의 가장 중요한 소재 중의 하나다. 이 장면은 여러 사찰에도 남아 양산 통도사 극락전에는 매우 사실적인 모습으로 그려졌고, 파주 보광사 대웅보전에는 민화 풍으로 익살스럽게 그려졌다. 여수 흥국사 대웅전이나, 해남 미황사 대웅전은 아예 전각 전체를 반야용선으로 상징화했다. 그러나 관룡사 용선대와 같이 직접적인 형상으로 재현한 곳은 드물다. 특히 반야용선을 극락으로 떠나보내는 부처의 모습은 중생들에 대한 마지막 보시이며, 새로운 가피이다.

고대의 불교도들은 또 생각했다. 서쪽으로 무한히 떨어진 곳에 극락세계가 있다면, 동쪽으로 먼 곳에도 또 다른 불국토가 있을 것이다. 또한 아미타여래가 내세에 행복을 주는 부처라면, 그에 못지않게 현세에 행복을 주는 부처가 있을 것이다. 동쪽에 있는 불국토는 정유리세계淨琉璃世界이며, 현세의 복락을 주는 부처는 바로 정유리세계의 주인인 약사여래이다. 정유리세계는 성곽과 궁전과 모든 건축물이 7가지 보물로 장식된 화려한 세계이며, 모든 대지와 길이 유리로 덮여 청결하여 일절 질병이 발생하지 않는 곳이다. 약사여래는 전생에 약왕과 의왕으로 태어나 수많은 사람들의 질병을 고쳐 주었다. 이 부처는 현세에도 12가지 큰 서원을 했는데, 세상의 모든 질병을 치료하고, 불구자들을 재활시키는 등 중생들의 현실적인 고통을 소멸시킬 내용이었다. 내세 행복을 비는 신앙이 극락신앙이라면 현세 복락을 비는 것은 약사신앙이 되었다. 사찰 내에서 약사여래를 모시어 약사신앙의 중심이 되는 전각은 약사전이다.

경전에 정유리세계는 동쪽으로 십 항하사 불국토를 지난 머나먼 곳에 있다 했지만, 관룡사의 정유리세계는 대웅전에서 불과 30m 거리에 있다. 약사전 일곽은 대웅전 영역과는 등을 돌리고 앉았고 그 앞에 작은 3층 석탑을 놓았다. 약사전은 사방 한 칸의 최소 건물이지만 엄연히 1탑1금당 형식의 독립된 영역을 형성했다. 이 일대가 석가여래의 사바세계로부터 멀리 떨어진 약사여래의 정유리세계임을 상징하는 구성이다.

관룡사 약사전의 지붕은 맞배지붕으로 양옆으로 처마가 길게 나와 특별한 모양을 갖는다. 지붕의 길이는 몸체보다 갑절은 길게 만들었다. 이 건물을 맞뒤집어 놓으면 마치 배가 될 것 같아, 맞배지붕이란 이런 모습이라고 예시하는 것 같다. 이처럼 과감한 지붕 내밀기는 고려 말 혹은 늦어도 조선 초기에나 가능한 기법이다. 지붕 구조뿐 아니라 공포를 구성하는 기법으로 보아 현존하는 몇 안 되는 고려시대 건물 중 하나로 추정하고 있다.

대웅전은 원래 석가모니불을 모시는 건물이지만 관룡사 대웅전에 모셔진 부처님은 비로자나 삼존불이다. 비로자나불은 화엄세계의 중심부처로서 가히 '부처 중의 부처'라고 할 수 있는 분이다. 화엄교학에 따르면 모든 부처는 곧 비로자나불이고, 비로자나불은 곧 모든 부처라고 한다. '전체가 하나이고, 하나가 곧 전체'라는 화엄사상의 핵심적 내용이다. 그래서 비로자나불은 모든 불보살의 배열 가운데 항상 중심에 위치한다.

비로자나불의 정토를 연화장세계라고 하는데, 이는 무수한 꽃잎들이 모여 하나의 연꽃을 형성하는 것 같이 무수한 불국토가 결국은 하나의 불국토로 통합되는 걸 뜻한다. 이 모습을 평면적으로 도상화한 그림이 바로 화엄 만다라이다. 화엄 만다라의 중심에는 비로자나불이 위치하고 이를 중심으로 사방팔방으로 무수한 불보살들이 펼쳐진다.

관룡사 약사전은 대웅전 앞에 독립된 영역을 형성하고 있다.
절 위의 용선대가 극락세계를 상징한다면,
약사전 영역은 약사여래의 정유리세계를 상징하는 곳이다.
약사전은 최소 규모인 1칸 몸체에 비해 지붕이 커서,
정말 배를 뒤집어 놓은 것 같은 맞배집이다.

부처는 산이요, 가람은 자연이다

대웅전 앞 편에 위치한 누각의 이름은 원음각이다. 원음圓音이란 원융의 세계에서 설하는 부처의 음성이며, 모든 것이 하나로 통하는 원융은 화엄의 핵심사상이다. 원음각은 2층 누각임에도 원음루라 하지 않고 '각'이라는 이름을 붙였다. 보통 이런 누각이 있으면 그 아래를 통해 사찰로 출입하는 누하진입의 방법을 택하지만 관룡사의 경우 원음각 아래를 통하지 않고, 마당 동쪽으로 놓인 긴 계단로를 통해 사찰로 진입한다. 마당에 들어와 원음각을 보면 늘 1층의 모습이다. 그래서 '루'가 아닌 '각'의 이름을 붙인 것이 아닐까. 어찌되었든 대웅전과 원음각은 완벽한 화엄의 세계를 상징하는 영역을 이룬다.

약사전 내외의 벽화들

교리적으로 관룡사를 바라본다면, 위로는 극락정토를 상징하는 용선대가 위치하고 아래로는 정유리정토를 뜻하는 약사전이 놓여졌다. 그 가운데 대웅전에는 화엄의 세계, 연화장정토를 상징하는 비로자나불이 위치한다. 관룡사 안에는 극락정토와 정유리정토淨琉璃淨土가 동시에 존재하며, 이를 다시 연화장세계가 하나로 통합하고 있는 것이다. 이 조그마한 절에 이처럼 광대한 세계들이 존재하고 있으니, 관룡사는 절이라기보다는 무한한 우주인 셈이다. 관룡사를 감싸고 있는 병풍바위와 화왕산은 거대한 만다라의 세계이며, 그 자체로서 완결된 우주공간이 된다.

극락이 어디에 있는가? 서쪽 무한한 끝에 실체로서 존재한다고도 하고, 이 세상이 곧 극락이라고도 한다. 또는 각자의 마음 안에 극락이 있는데 엉뚱한 곳에서 찾는다고도 한다. 정유리세계는 어디 있는가? 동쪽 십만 억 불국토를

용선대 석조 석가여래좌상

넘어 무한한 곳에만 있지 않다. 관룡사는 두 개의 정토를 하나의 산에, 하나의 가람에 가지고 있다. 내세를 믿고 우주의 무한함을 믿기는 하지만 역시 중요한 것은 지금 여기라는 현세이다. 시공을 초월해 현세의 고통을 소멸시킬 수만 있다면 그 부처가 누구든, 그 불국토가 어디든 무슨 관계가 있으랴. 그리고 그곳에 갈 수 있는 수단은 배로 형상화된다. 용선대와 같이 무거운 바위로 만든 배도 가라앉지 않고 허공을 향해 떠나갈 수 있으며, 약사전과 같이 아주 작은 몸체로도 무한한 항해를 할 수 있기 때문이다.

달마산은 한반도 최남단에 있는 산이다.
뾰족한 바위들이 28km나 길게 능선을 형성해서 병풍이 선 것 같은
특별한 모습이다. 달마가 여기까지 왔다는 전설적인 산 중턱에
미황사가 자리 잡았다. 미황사의 창건 설화 역시 거창하고 국제적이다.
남방불교의 해양 전래설과도 관련이 있다.

해남·미황사·

달마는 산이 되었고
게와 거북으로
태어났다

한반도 최남단은 전라남도 해남의 토말이다. '땅끝마을'이라는 이름이 더 익숙한 이곳은 누구나 아는 명소가 되었다. 그러면 한반도 최남단의 산은 어디일까? 가장 남쪽에 있는 산다운 산은 이름부터 불교적 냄새가 물씬 나는 달마산이다. 이 산에 얽힌 전설들에 귀를 닫더라도 신령한 이 산의 모습은 눈을 뗄 수 없을 만큼 범상치 않다. 동서로는 4km 정도의 좁은 폭이지만 남북으로는 28km에 달하는 기다란 산이며, 능선들은 뾰족한 바위들로 연속되어 병풍이 선 것 같은 모습이다. 위에서 보면 마치 거대한 공룡이 화석화되어 등뼈를 드러내고 있는 모습이다. 언제부터 '달마산'이라는 불교적 이름이 붙었는지 알 수 없다. 흔히 연상하는 "달마가 동쪽으로 온 까닭은?"이라는 물음에 답을 추론할 만한 기록도, 전설도, 유적도 없다. 단지 최남단의 산, 공룡 화석 같은 산, 그리고 '달마산 미황사'라는 특별한 절이 있는 산으로 제법 유명하다.

중국에서 불교를 받아들인 한국은 처음에는 교리와 신앙뿐 아니라 가람의 제도와 건축의 형식도 중국의 것을 따를 수밖에 없었다. 그러나 한반도에 뿌리를 내리는 순간부터 불교는 이 땅의 상황과 문화에 맞도록 토착화하기 시작했다. 그 첫 번째 과정은 산지가 많은 한반도의 지형에 적응하는 것이었다. 평양이나 경주와 같은 도시에 섰던 초기의 가람들은 중국식 제도를 그대로 따라도 문제가 없었지만 점차 산과 계곡에 사찰들이 서면서 경사지고 불규칙한 지형에 순응할 수 있는 특별한 건축적 장치가 필요하게 되었다. 영주 부석사와 같이 축대가 발달하여 대지를 계단식으로 조성해야 했고, 불규칙한 배치법을 활용하여 최대한 산과 계곡의 형태에 맞도록 땅을 이용해야 했다.

불교 도입 이전부터 뿌리 깊었던 전통적인 산신 신앙 또한 포용해야 했다. 환웅이 태백산 정상 신단수 아래에 신성한 나라를 열었을 때부터 한민족의 국토는 곧 산악이었고, 산악에 대한 숭배는 국토와 나라에 대한 신앙이었다. 한민족의 시조인 단군은 산신이 되었으며, 국토의 모든 산에는 크고 작은 산신들이 산악을 지키고 있었다. 이들을 수용하기 위해 사찰 안에 산신각을 두었고, 중국이나 일본의 사찰과는 비교하여 다른 가장 큰 특징이 되었다.

신라는 나라 안에 5개의 중요한 산을 정해 중악팔공산, 동악토함산, 서악계룡산, 남악지리산, 북악태백산에 제사를 올렸다. 5악에 대한 신앙이 전국을 체계적으로 인식하고 재조직하는 과정이라면, 불교는 하나의 산에 여러 사찰들을 세움으로써 산악을 재조직했다. 계룡산을 예로 들면, 계룡산 정상을 중심으로 동동학사, 서갑사, 남신원사, 북구룡사에 사찰들을 세워 4방을 담당했다. 팔공산의 사찰들도 그러하고, 오대산에는 아예 5대에 암자들을 세웠다. 전체의 모양이 부분 속에서도 존재한다는 프랙탈fractal 구조와 같이, 우리의 국토는 산으로 완전하게 되고, 우리의 산들은 절집들로 완성되었다.

한국의 절들은 산에 붙어 자라는 숲과 같다. 그래서 한국의 모든 절들은 성씨 앞에 붙는 본적지 같이 '~산 ~사'라고 소속 산을 절 이름 앞에 붙이고 있다. 산이 없는 한국의 사찰을 상상할 수도 없지만 사찰이 없는 한국의 산은 생명이 없는 무덤과도 같다. 달마산과 미황사의 관계도 그렇다. 좁고 긴 바위산인 달마산에 미황사가 없다면 공룡의 화석과 같이 기괴함과 삭막함만 감도는 산이었을 것이다. 미황사는 달마대사의 법신을 모신 것을 존재 근거로 삼지만, 정확히 말한다면 절의 뒤에 펼쳐진 달마산의 모습이 바로 법신인 것이다. 또한 미황사의 가람 배치와 구성은 달마산의 형태에 철저하게 맞춰져 있다.

아래 대웅전과 위의 응진전은 모양과 구조법이 유사한
'닮은 꼴'의 건물이다. 이 둘을 대각선 방향으로 겹치게 놓아
투시도적 효과가 극대화했다. 그 소실점에는 달마산의
신비한 연봉들이 솟아 있다.
그럼으로써 가람과 산은 하나가 되었다.

대웅전 내부의 장엄.
대들보에 별지화 같이 그린
여러 분의 부처와 우물 천장 중앙의
범어문양이 특징적이다.

미황사의 창건 설화는 거창하고 국제적이다. 신라 경덕왕 때인 749년, 달마산 아래 포구에 돌로 만든 배가 나타났고, 의조화상이 무리를 이끌고 포구에 나갔더니 황금색 사람金人이 노를 저어 해안에 닿았다. 배 안에는 비로자나불과 여러 보살 나한상, 경전, 탱화, 그리고 검은 돌 등이 실려 있었고, 검은 돌이 갈라지며 거대한 검은 소 한 마리가 나타났다. 그날 밤 의조화상의 꿈에 금인이 나타나 "나는 원래 인도 우전국의 왕인데 여러 나라를 다니며 부처님 모실 곳을 구하였다. 이곳에 이르러 달마산 산마루를 바라보니 일만 불佛이 계시는 곳이어서 여기에 부처님을 모시려 한다. 검은 소에 경전과 불상을 싣고 가다가 마지막으로 머무는 자리에 절을 지어라."고 당부했다. 다음 날 의조화상이 꿈에 명한 그대로 검은 소를 몰고 갔는데 산 중턱에 이르러 쓰러져 일어나지 않았다. 이곳에 바로 미황사를 창건했다. '미美'는 소의 울음소리가 너무 아름다워서 따온 것이고, '황黃'은 금인의 황금색에서 따온 것이라 전한다.

아무리 황당해 보이는 설화에도 진실은 숨어 있다. 우선 미황사의 창건은 일만 부처를 닮은 달마산의 바위 능선 모습 때문에 이루어진 것이 사실이다. 또한 미황사에서 바로 내려다보일 만큼 가깝게 바다가 면해서 멀리 외지에서 온 배의 인연, 즉 남방 불교의 해양 전래설과 관련이 있다. 달마대사도 인도에서 중국으로 갈대를 타고 바다 위로 오지 않았던가. 아예 미황사와 달마산은 달마대사가 인도에서 중국으로 가지 않았고, 한반도의 제일 끝에 도달했다고 주장하고 싶은 지도 모르겠다. 중국 선종의 시조라는 달마의 동래설이 전설에 불과하다는 것이 정설이니, 달마산 도래설의 주장도 있었을 법하기 때문이다.

고려 때에도 송나라의 배가 다녀갈 정도로 명성이 있었다고 하지만 미황사의 명성은 조선 후기에 빛을 발했다. 임진왜란의 참화를 그나마 극복할 수 있었던 것은 전국적인 의승군의 활약 때문이었고, 그 총지휘자 서산대사의 지도력이 없었으면 불가능한 일이었다. 서산대사는 묘향산에서 열반에 들면서, 그의 의발衣鉢, 승려의 전 재산인 가사와 발우를 해남 땅에 전하라고 유지를 내렸다. 직계상좌인 소요와 손상좌인 편양이 뜻을 받들어 해남 대둔사에 내려와 의발을 모셨다. 서산의 제자들은 편을 나누어 편양선사가 대둔사^{지금의 대흥사}에 머물며 적통을 지켰고, 소요선사 일파는 미황사에 모여 살게 되었다.

미황사는 17세기 이후부터 소요의 법맥을 이으며 크게 부흥하게 된다. 특히 18세기 후반에는 연담선사가 바다에 빠진 영혼들을 구제하기 위한 수륙도량을 개설하면서 미황사의 부흥은 절정에 달하게 된다. 한때 절 안에는 40여 동의 건물들이 즐비했고, 산내 암자만도 12개소에 달했다고 한다. 현존하는 중요 전각인 대웅전과 응진당도 전성기인 1751년에 중창한 건물들이다.

묘향산에서 내려온 소요대사의 후예들이 바닷가 수륙도량을 열었다는 사실은 북쪽 산지 불교가 남쪽 해안 불교로 토착화되었다는 사실을 의미한다. 19세기에도 이러한 토착적 노력은 계속되었다. 혼허스님은 해남 농악의 12채 가락을 정리하여 군고단을 조직하여 남서해 일대의 섬들을 돌면서 순회 시주 공연을 베풀었다. 그러나 1850년경 청산도로 향하던 중에 군고단의 배가 침몰하여 전원 떼죽음하는 참사가 벌어졌다. 그 이후 미황사는 사세가 급격하게 쇠락하여, 산내 암자도 도솔암 하나만 남았고, 경내 건물도 대여섯 동에 불과한 작은 사찰로 전락했다. 뒤에 살펴볼 그 유명한 부도 밭의 부도들도 대부분 1840년대까지만 조성되어 이 절의 파란만장한 역사를 증명하고 있다.

현재 미황사는 큰 불사를 일으켜 많은 전각들이 들어서 있지만 1990년까지만 해도 대웅전과 응진당, 그리고 두세 동의 요사채만 있었던 초라한 절이었다. 그러나 얼마 안되는 건물의 수에도 불구하고 가람은 황량하지 않고 오히려 꽉 들어찬 느낌이었다. 그 신비로운 느낌의 감동은 아직도 잊을 수 없다. 미황사는 달마산의 높은 중턱, 급한 경사지에 자리를 잡았고, 가람은 크게 네 단의 평지로 조성되었다. 제일 아랫단에는 누각을, 다음 단에는 승방들을, 그리고 그 위에는

대웅전 동쪽의 응진당

대웅전을 세웠다. 여기까지는 조선시대 흔한 이른바 '4동중정형'의 가람구성이었다. 미황사의 특징은 그 위로 높은 석단을 만들어 응진당을 세운 것에 있다. 응진당은 대웅전의 동쪽 위에 세웠는데, 대웅전과 유사한 모습으로 만들었다. 두 법당은 모두 정면 3칸의 팔작지붕 집으로, 기둥 위에 여러 개의 공포를 둔 다포집인 구조도 동일하다. 물론 주불전인 대웅전의 규모가 크고, 응진당은 작다. 기하학적 의미로 두 법당은 형태는 같고 크기가 다른 '닮은꼴'이다.

절의 입구인 누각 아래로 들어서면, 두 건물은 대각선 방향으로 겹쳐 보인다. 같은 물체를 앞뒤로 배열하면 같은 크기라 해도 뒤로 갈수록 작아 보인다. 이 현상은 '투시도 효과'라 하여, 사람의 망막에 맺히는 상의 차이이며 인체 과학적인 현상이다. 미황사의 경우, 형태는 같으나 크기가 작은 응진당을 뒤쪽 위에 배치함으로써 투시도 효과는 더욱 극대화된다. 투시도 효과는 소실점을 향해 일률적으로 줄어들어 보이는데, 그 소실점에는 달마산의 신비한 연봉들이 솟아 있다. 다시 말해서, 미황사는 달마산을 소실점 삼아 대웅전과 응진당을 닮은꼴로 배열하여 가람을 구성한 것이다. 그럼으로써 가람과 산은 하나가 되었고, 달마산의 신비로운 감동은 건축적 감동으로 치환되었다. 두 법당만 닮은꼴이 아니라, 건축과 산도 닮은꼴이 된 것이다.

한국의 가람이 산과 일체화하는 원리를 미황사의 구성에서 뚜렷하게 확인할 수 있다. 그리고 응진당 앞에서 뒤를 돌아보면 남해안의 절경이 바로 눈 아래에 들어온다. 산뿐 아니라 바다까지도 가람 안에 끌어들여 총체적인 자연과 일체화를 이루게 되었다.

이것이 중국의 가람과는 구별되는 지형적 토착화라면, 신앙적 토착화는 건물과 부도에서 확인할 수 있다. 대웅전과 응진당의 기둥들은 인근 앞바다의 보길도에서 구한 활엽수종이다. 육송을 주로 사용한 내륙의 절집들과 다르게 온화한 느낌을 주는 이유일 것이다. 대웅전 기둥 아래의 초석들에는 연꽃 문양에 게와 거북이가 어우러져 새겨졌다. 연꽃이야 불교를 상징하는 문양이니 다른 절집에서도 볼 수 있지만 해양 생물인 게와 거북이는 미황사에서만 등장한다. 이 절이 해안에 위치한다는 입지적 특성과 아울러, 바다의 영혼을 구제했던 해양 수륙도량의 과거 역사의 흔적일 것이다. 바다에 빠져 죽은 외로운 고혼들이 게와 거북으로 환생했을 수도 있고, 게와 거북을 부처님 앞에 인도함으로써 극락왕생을 기원한 염원일 것이다.

본 절에서 동쪽으로 10분 정도 산길을 걸으면 선사들의 공동묘지라 할 수 있는 부도 밭에 다다른다. 서편의 작은 부도 밭에는 6기의 부도들이 줄지어 서 있고, 동편의 큰 밭에는 22기의 부도들이 장관을 이룬다. 부도들의 모양은 원형, 팔각형, 사각형 등으로 다양하지만 모두 지붕을 쓰고 있는 점이 독특하다. 부도의 주인들은 서산대사와 소요대사의 법손들이며, 대략 17~19세기인 조선 후기의 인물들이다. 다른 지역의 이 시대 부도들은 지붕이 없는 돌종 형식이 대부분인 것과 크게 다른 미황사만의 특징이다.

미황사 부도들의 더욱 큰 특징은 부도 곳곳에 식물과 동물, 땅과 물과 하늘의 모든 동물들이 새겨진 조각들이다. 화병에 꽂힌 연꽃, 모란, 봉황 등은 불교적 상징이라 하더라도 게와 거북, 문어, 개구리, 물고기 등 수생 생물은 미황사의 토착성을 더욱 돋보이게 한다. 방아를 찧는 옥토끼, 한 다리를 꼬고 서있는 새, 오리와 사슴 조각까지 이르면, 미황사의 해학은 지역적 토착성을 넘어서 도교적 세계까지 확장하고 있다. 게와 물고기가 서로 대치하고 있는 모습이라든지, 부도를 기어 올라가고 있는 도룡뇽의 모습은 개별 생물을 넘어서 일종의 생태계를 묘사하고 있다.

대웅전 초석은 원초적인 연화문을 둘러 연꽃이 되었고,
물 위에 핀 연꽃은 게와 거북들이 들락거리는 안식처가 되었다.
미황사는 수중고혼 뿐 아니라 수생동물들까지 보살피는 안식처였다.
수중고혼이 게와 거북으로 환생한 것일까?

부처는 산이요, 가람은 자연이다

위　　미황사 부도군
아래　부도 받침의 게 문양과 방아를 찧는 옥토끼 문양

미황사에서 열반한 스님들은 달마산의 지형과 하나가 되었고, 해안 백성들의 염원과 하나가 되었으며, 땅과 바다의 모든 생명체와 하나가 되었다. 한국의 절들이 산악과 하나가 되어 지형적 토착화를 이루었다면, 미황사는 더 나아가 수륙의 모든 생태계와 하나가 되어 신앙적 지역적 토착화를 이루었다. 절은 산이 되었고, 스님은 생태계로 돌아갔다. 이 근원적인 회귀야말로 달마가 동쪽으로 온 까닭이지 않을까?

선운사 참당암 전경

직관의 언어
통찰의 잠언

내 인생의 교사 몇 사람을 들라면 나는 주저 없이 김봉렬 선생을 그 가운데 한 분으로 꼽을 것이다. 선생을 통해 나는 건축이 '시대를 담는 그릇'임을 깨우쳤고, 전통 건축이 '이 땅에 새겨진 정신'이며, 옛사람들의 '앎과 삶의 공간'이었음을 알았다. 우리 고전 건축에 대한 내 지식의 8할은 선생에게서 얻은 것이었다. 전통 건축에 대한 선생의 분석과 해명은 실로 탁월하였다.

오랫동안 대상을 관찰하다 보면 대상을 닮게 되는 걸까? 가볼 만한 절집, 머물고 싶은 절집을 자주 드나들더니 어느새 그는 잘 지은 절집을 닮아 버렸다. 그의 글을 읽다 보면, 각윤覺允 스님이 지은 운문사 비로전이나 능오能悟 스님이 건립한 화엄사 각황전처럼 선미禪味 넘치는 사유와 언어를 만날 수 있다.

선생은 낱낱 사실을 드러내는 데 치중하지 않는다. 건축과 별 관계없어 보이는 사실들이나, 심지어 일화와 전설 따위를 일없이 뜰을 거닐 듯 덤덤하게, 딴청을 피우듯 무심하게 나열할 뿐이다. 그러나 그 끝에는 어김없이 본질에 육박하는 비장의 한마디가 기다리고 있다. 무관한 듯 하던 역사적 사실, 일화와 전설들이 한 꿰미에 꿰어져 구슬 목걸이로 바뀌는 것이다. 사실들을 묶어세우고 연결하여 전모를 드러내 보여 주며, 사실들의 해석과 설명을 통해 사안의 성격과 본질을 규명하여 우리의 동의를 구하며, 현상과 사실의 배후에 담긴 정신을 파악해 우리의 손에 쥐어 준다.

보덕암은 아름답다. … 아찔한 구조적 긴장과 경이로움을 가지고 있으며, 건축이 거부할 수 없는 중력조차 내려놓았기 때문이다. … 수도자가 목숨마저 내려놓을 때 진정한 깨달음을 얻듯이, 건축은 중력마저 거부할 때 또 다른 감동을 얻는다.

건축에 장애란 없다. 단지 풀어야 할 즐거운 과제가 있을 뿐이다.

장애가 없으면 무애의 세계로 들어갈 수 없다. 제약이 없으면 자유도 없고 독창성도 없다. … 위대한 건축은 장애를 극복하고 문제를 푸는 과정에서 탄생한다. 선운사와 참당암의 거칠고 자유로운 건축들은 그래서 위대하다.

비본질적인 것들이 중심이 사라진 송광사의 본질이 되었고, 최소의 것들이 최대가 되었다. 이 최소한의 정신이 곧 보조국사 지눌의 가르침이요, 조계산의 깨달음이 아닐까?

대승사는 사불암을 등지고 있지만, 묘적암은 사불암을 바라보고 앉았고, 윤필암은 사불암의 옆으로 앉았다. … 하나의 부처를 보는 세 개의 다른 시선, 깨달음이라는 같은 목표를 향한 세 개의 다른 구도의 길과 같다. 사불산을 무대로 펼쳐지는 거대한 건축적 방편설이다.

미황사는 달마산을 소실점 삼아 대웅전과 응진당을 닮은꼴로 배열하여 가람을 구성한 것이다. 그럼으로써 가람과 산은 하나가 되었고, 달마산의 신비로운 감동은 건축적 감동으로 치환되었다.

어떤가? 정수리에 쏟아붓는 찬물 한 바가지 같지 않은가? 날카롭되 묵직한, 선어록禪語錄에 등장하는 옛 선승들의 한 말씀을 닮지 않았는가?
　　그러면 이들은 또 어떠한가?

장곡사의 건물들은 바로 사찰의 연대기를 기록한 입체적 사적기이며, 시대와 가람의 변화를 구조와 형태로 설명하고 있는 건축적 박물관이다.

폐허는 무너질수록 최초로 돌아가는 근원적인 건축이다.

봉암사에 건축은 없다. 그러나 건축보다 훨씬 위대한 건축, 자연이 살아 있다.

관룡사는 두 개의 정토를 하나의 산에, 하나의 가람에 가지고 있다.

한국의 절들은 산에 붙어 자라는 숲과 같다.

절은 산이 되었고, 스님은 생태계로 돌아갔다. 이 근원적인 회귀야말로 달마가 동쪽으로 온 까닭이지 않을까?

이처럼 선생의 발언은 허공을 가르는 화살이고, 그 화살은 결코 정곡을 벗어나는 법이 없다. 실로 가보고 싶은 절집, 머물고 싶은 절집에 대한 시각과 안목을 가감 없이 정직하게 보여 주는 선생의 글들은 직관적 사유가 일렁이는 가을 호수이고, 통찰의 언어가 구슬처럼 알알이 박혀 있는 잠언집이다. 하니, 선생의 글과 만날 수 있음은 이 시대를 살고 있는 우리들의 홍복洪福이 아니고 무엇이랴.

직지사 주지 홍선 합장

추천의 글

고건축의 탁월한 저술가이기도 한 김봉렬 교수가 그 동안 건축을 말해 온 데에는 두 가지 시각이 들어 있었다. 하나는 건축사가의 눈으로 보는 건축물의 구조와 역사성에 대한 해석이고, 또 하나는 건물의 사용자의 입장에서 그 공간에서 이루어진 행위와 사유에 대한 이해였다. 때문에 궁궐, 서원, 사찰, 양반가옥, 민가 등에 대한 그의 해석은 고건축을 이해하는 충실한 길라잡이가 되어 왔다.

이에 반해 이번엔 내력 있는 사찰들을 순례하면서 철저히 관객의 시각으로 옮겨 앉아 그 건축이 지금 나에게 주는 의미를 말하고 있다. 생산자의 입장이 아니라 소비자의 시각이다. 때문에 건축물에 대한 설명이나 거기에 담겨 있는 의미를 밝히는 것이 아니라 오늘날 우리가 절집에 갔을 때 다가오는 느낌을 정직하게 이야기하고 있다. 그래서 독백에 가까운 서술도 많고 스스로 던지는 의문도 많다.

아마도 독자들은 이 책을 읽어 가면서 사유의 깊이를 동반한 그의 독백과 감성의 직접성에서 나온 정직한 물음을 통하여 그 건축이 갖고 있는 존재론적 가치 이상의 것을 경험하게 될 것이다. 그것은 하나의 건축을 이해하는 총체적 인식 틀이기도 하다.

미술사가 · 『나의 문화유산답사기』 저자 유홍준